贵州省农用薄膜标准体系构建与实践

高维常　代良羽　周万维　李良懿　主编

中国农业科学技术出版社

图书在版编目(CIP)数据

贵州省农用薄膜标准体系构建与实践 / 高维常等主编. -- 北京：中国农业科学技术出版社，2025. 6.
ISBN 978-7-5116-7421-0

Ⅰ. S572. 048-65

中国国家版本馆 CIP 数据核字第 2025UX2805 号

责任编辑 金 迪
责任校对 王 彦
责任印制 姜义伟 王思文

出 版 者 中国农业科学技术出版社
北京市中关村南大街 12 号　邮编：100081
电　　话 (010) 82106625 (编辑室)　(010) 82106624 (发行部)
(010) 82109709 (读者服务部)
网　　址 https://castp.caas.cn
经 销 者 各地新华书店
印 刷 者 北京建宏印刷有限公司
开　　本 185 mm×260 mm　1/16
印　　张 10. 25
字　　数 230 千字
版　　次 2025 年 6 月第 1 版　2025 年 6 月第 1 次印刷
定　　价 58. 00 元

《贵州省农用薄膜标准体系构建与实践》

编委会

主　　编： 高维常　代良羽　周万维　李良懿

副 主 编： 杨继怡　易凤姣　刘云虎　刘　彬　刁晓倩　刘涛泽　蔡　凯

参编人员（排名不分先后）：

吴志军　马　静　冯永渝　田　兵　郗海洋
李　想　伍　洲　李　晨　成　志　梁显义
陈怡潞　潘　翎　刘安庆　孙元飞　黄　兴
胡　滔　徐　燕　张　波　贺福健　曾成达
周　弢　杨　华　周　华　邹　静　王艺焜
张庆珠　韩茂德　蔡景行　蔡何青　刘杰刚
蒋　科　贾　田　杨松花　马　雪　柴平原
宫连虎　刘　丹　牟桂婷　杨秀源　曾　艳
张珍明　陈　竹　娄　飞　尹　协　明　爽
涂祖贵　杨秀才　闫永飞　陈　凯　罗礼斌

前　言

农用薄膜作为现代农业的重要生产资料，在贵州省山地特色农业发展中发挥了不可替代的作用。然而，随着农用薄膜的广泛使用，“白色污染”问题日益凸显，残膜滞留土壤导致的耕地退化、生态环境破坏已成为制约农业可持续发展的重要瓶颈。针对农用薄膜使用带来的残留污染问题，国家与地方各级政府对农用薄膜污染治理高度重视，先后出台了《中华人民共和国土壤污染防治法》《农用薄膜管理办法》等一系列政策措施，发布实施了相关国家、行业和地方标准，建立了我国农用薄膜全生命周期管理体系。

贵州省作为首批国家生态文明试验区，肩负着探索绿色发展路径的使命，构建科学、合理、系统的农用薄膜标准体系，既是规范农用薄膜生产使用、防控面源污染的技术需求，更是践行“绿水青山就是金山银山”理念、推动农业绿色转型的战略选择。在“十四五”规划收官之年，“十五五”规划谋篇布局之年，系统梳理贵州省农用薄膜标准化建设的政策基础、标准现状与实践经验具有重要的现实意义。通过政策梳理分析、标准体系构建、标准实践总结，汇编相关现行有效标准，将为相关从业者提供系统性的技术支持。同时，也为贵州省乃至西南地区农用薄膜科学使用提供标准化指南，为守护山地农业生态基底、构建绿色低碳循环农业体系贡献智慧力量。

本书出版由贵州省烟草科学研究院、贵州省农业生态与资源保护站、贵州省产品质量检验检测院、贵州省标准化院等单位牵头，中国烟草总公司贵州省公司、贵州省高等学校塑料应用绿色低碳技术工程研究中心、安顺市农业农村局、北京工商大学、贵州裕阳科技有限公司、贵州民环生态科技有限公司、吉林一先科技有限公司等相关企事业单位合作完成，获得贵州省农业生态与资源保护产业技术体系、中国烟草总公司贵州省公司重点研发项目（2025520000240038）、中国烟草总公司重点研发项目（110202202030、110202402016）、贵州省市场监督管理局标准化项目（Y2024D022）、贵州省教育厅自然科学研究项目（黔教技〔2023〕034 号）、贵州省科技计划项目（黔科合基础-ZK〔2024〕一般 645、黔科合成果〔2023〕一般 051）等的资助，在此一并表示感谢。

为完成本书的撰写，编写组查阅、收集和整理了大量资料，竭尽所能地力求内容全面、系统、科学、合理。但仍受资料和知识的局限，书中难免有不周全或疏漏之处，敬请专家和同人批评指正，并提出宝贵建议。

高维常

2025 年 2 月

目　　录

第一部分

政策文件

中共中央、国务院高度重视农用薄膜污染治理工作。从1989年至今，国家（部委）和贵州省先后制定出台了农用薄膜相关法律法规和政策文件73项。国家（部委）层面发布的政策文件50项，包括《中华人民共和国土壤污染防治法》《中华人民共和国产品质量法》《固体废物污染环境防治法》等法律法规和《农用薄膜管理办法》等部门规章，同时出台了政策引导文件，如将推广全生物降解农用薄膜纳入《国家推广的绿色农用生产资料目录》，通过补贴降低农户使用成本；将加强农用薄膜科学使用处置列入《美丽乡村建设实施方案》。通过部门协同，进一步出台了政策细化与执行保障文件，在制度体系构建、技术与资金支持、专项行动与考核评价等方面进行了系统性建设，完成了我国农用薄膜全生命周期顶层设计和体系构建。

在积极落实国家（部委）相关法律法规与政策文件的同时，贵州省从2018年开始，先后出台了《贵州省固体废物污染环境防治条例》，农业绿色发展、污染治理攻坚战行动、农用地膜污染防治和塑料污染治理等政策文件，组织实施了农用地膜专项整治行动、地膜联合监管“百日攻坚”专项行动和农资打假整治行动。从2023年开始，实施了地膜科学使用回收试点项目，专项制定了烟田农用薄膜科学使用回收政策。在地方创新和深化治理方面，做出了贵州实践。

随着国家（部委）及贵州省相关政策的出台，由农用薄膜生产、销售、使用、回收、再利用等内容构成的贵州省农用薄膜政策框架和体系逐渐形成，为贵州省全面推进农用薄膜科学使用和做好农用薄膜污染防治提供了坚实的保障。表1-1和表1-2汇总了历年来我国国家（部委）和贵州省发布实施的农用薄膜相关政策文件。

表 1-1 国家（部委）农用薄膜相关政策文件

序号	发文机构	政策文件	发文年份
1	国务院	《中华人民共和国环境保护法》	1989 年
2	国务院	《关于进一步加强环境保护工作的决定》	1990 年
3	第七届全国人民代表大会常务委员会	《中华人民共和国产品质量法》	1993 年
4	第八届全国人民代表大会常务委员会	《中华人民共和国农业法》	1993 年
5	第八届全国人民代表大会常务委员会	《中华人民共和国固体废物污染环境防治法》	1995 年
6	国务院	《关于环境保护若干问题的决定》	1996 年
7	第九届全国人民代表大会常务委员会	《中华人民共和国清洁生产促进法》	2002 年
8	第十届全国人民代表大会	《中华人民共和国国民经济和社会发展第十一个五年规划纲要》	2006 年
9	第十届全国人民代表大会常务委员会	《中华人民共和国农产品质量安全法》	2006 年
10	第十一届全国人民代表大会常务委员会	《中华人民共和国循环经济促进法》	2008 年
11	农业部	《关于进一步加强农业和农村节能减排工作的意见》	2011 年
12	农业部	《关于做好旱作农业技术推广工作的通知》	2014 年
13	农业部	《关于打好农业面源污染防治攻坚战的实施意见》	2015 年
14	国务院	《关于印发土壤污染防治行动计划的通知》	2016 年
15	农业部	《关于印发〈农膜回收行动方案〉的通知》	2017 年
16	工业和信息化部	《农用薄膜行业规范条件（2017 年本）》	2017 年
17	中共中央、国务院	《关于全面加强生态环境保护 坚决打好污染防治攻坚战的意见》	2018 年
18	第十三届全国人民代表大会常务委员会	《中华人民共和国土壤污染防治法》	2018 年
19	生态环境部、农业农村部	《关于印发农业农村污染治理攻坚战行动计划的通知》	2018 年

（续表）

序号	发文机构	政策文件	发文年份
20	农业农村部	《关于做好农业生态环境监测工作的通知》	2019 年
21	农业农村部、国家发展改革委、工业和信息化部、财政部、生态环境部、国家市场监督管理总局	《关于加快推进农用地膜污染防治的意见》	2019 年
22	中共中央、国务院	《关于抓好“三农”领域重点工作确保如期实现全面小康的意见》	2020 年
23	国家发展改革委、生态环境部	《关于进一步加强塑料污染治理的意见》	2020 年
24	农业农村部、工业和信息化部、生态环境部、国家市场监督管理总局	《农用薄膜管理办法》	2020 年
25	全国人民代表大会常务委员会	《中华人民共和国乡村振兴促进法》	2021 年
26	农业农村部、国家发展改革委、科技部、自然资源部、生态环境部、国家林草局	《“十四五”全国农业绿色发展规划》	2021 年
27	国家发展改革委、生态环境部	《“十四五”塑料污染治理行动方案》	2021 年
28	国务院	《“十四五”推进农业农村现代化规划》	2021 年
29	农业农村部	《“十四五”全国农业农村科技发展规划》	2021 年
30	生态环境部、国家发展改革委、财政部、自然资源部、住房和城乡建设部、水利部、农业农村部	《“十四五”土壤地下水和农村生态环境保护规划》	2021 年
31	中共中央、国务院	《关于完整准确全面贯彻新发展理念做好碳达峰碳中和工作的意见》	2021 年
32	中共中央、国务院	《2030 年前碳达峰行动方案》	2021 年
33	中共中央、国务院	《关于做好 2022 年全面推进乡村振兴重点工作的意见》	2022 年
34	生态环境部、农业农村部、住房和城乡建设部、水利部、国家乡村振兴局	《农业农村污染治理攻坚战行动方案（2021—2025 年）》	2022 年
35	农业农村部办公厅、财政部办公厅	《关于开展地膜科学使用回收试点工作的通知》	2022 年
36	推动长江经济带发展领导小组办公室	《“十四五”长江经济带农业面源污染综合治理实施方案》	2022 年

（续表）

序号	发文机构	政策文件	发文年份
37	农业农村部	《农业农村减排固碳实施方案》	2022 年
38	生态环境部	《减污降碳协同增效实施方案》	2022 年
39	财政部	《财政支持做好碳达峰碳中和工作的意见》	2022 年
40	国家市场监管总局	《建立健全碳达峰碳中和标准计量体系实施方案》	2022 年
41	农业农村部办公厅	《推进贵州现代山地特色高效农业发展实施方案》	2022 年
42	农业农村部办公厅、市场监督管理总局办公厅、工业和信息化部办公厅、生态环境部办公厅	《关于公布农用薄膜执法监管典型案例的通知》	2023 年
43	农业农村部办公厅、市场监督管理总局办公厅、工业和信息化部办公厅、生态环境部办公厅	《关于进一步加强农用薄膜监管执法工作的通知》	2023 年
44	中共中央、国务院	《关于全面推进美丽中国建设的意见》	2023 年
45	中共中央、国务院	《关于加快经济社会发展全面绿色转型的意见》	2024 年
46	农业农村部	《关于印发乡村产业、人才、文化、生态、组织五个振兴和乡村建设工作指引（试行）的通知》	2024 年
47	农业农村部	《全国农业科技创新重点领域（2024—2028 年）》	2024 年
48	农业农村部	《关于加快农业发展全面绿色转型促进乡村生态振兴的指导意见》	2024 年
49	生态环境部、农业农村部、国家发展改革委、财政部、自然资源部、住房和城乡建设部、水利部、市场监督管理总局、国家林草局	《美丽乡村建设实施方案》	2025 年
50	农业农村部	《落实中共中央 国务院关于进一步深化农村改革扎实推进乡村全面振兴工作部署的实施意见》	2025 年

表 1-2　贵州省农用薄膜相关政策文件

序号	发文机构	政策文件	发文年份
1	贵州省人民政府办公厅	《关于加快推进农业绿色发展的实施意见》	2018 年
2	贵州省生态环境厅、贵州省农业农村厅	《关于印发实施〈贵州省农业农村污染治理攻坚战行动计划实施方案〉的通知》	2018 年
3	贵州省农业农村厅	《关于加强春耕备耕期间地膜回收工作的通知》	2019 年
4	贵州省农业农村厅、贵州省发展和改革委员会、贵州省工业和信息化厅、贵州省财政厅、贵州省生态环境厅、贵州省市场监督管理局	《关于加快推进贵州省农用地膜污染防治的实施意见》	2020 年
5	贵州省农业农村厅、贵州省市场监督管理局	《关于开展农用地膜专项整治行动的通知》	2020 年
6	贵州省发展和改革委员会、贵州省生态环境厅	《关于进一步加强塑料污染治理的实施方案》	2020 年
7	贵州省人民代表大会常务委员会	《贵州省固体废物污染环境防治条例》	2020 年
8	贵州省农业农村厅办公室	《关于加强农用薄膜使用及回收监督管理工作的通知》	2021 年
9	中共贵州省委、贵州省人民政府	《关于做好 2022 年全面推进乡村振兴重点工作的实施意见》	2022 年
10	贵州省发展和改革委员会、贵州省农业农村厅	《关于印发贵州省〈“十四五”现代山地特色高效农业发展规划〉的通知》	2022 年
11	中共贵州省委、贵州省人民政府	《关于在生态文明建设上出新绩的实施意见》	2022 年
12	中共贵州省委、贵州省人民政府	《贯彻落实〈国务院关于支持贵州在新时代西部大开发上闯新路的意见〉的实施意见》	2022 年
13	贵州省生态环境厅、贵州省农业农村厅、贵州省住房和城乡建设厅、贵州省水利厅、贵州省乡村振兴局	《贵州省农业农村污染治理攻坚战行动方案（2022—2025 年）》	2022 年
14	贵州省农业农村厅办公室	《贵州省 2022 年农膜回收利用工作实施方案》	2022 年
15	贵州省农业农村厅	《关于加强 2023 年度废旧农膜回收利用工作的通知》	2023 年
16	贵州省农业农村厅办公室	《2023 年贵州省地膜科学使用回收试点实施方案》	2023 年

（续表）

序号	发文机构	政策文件	发文年份
17	贵州省农业农村厅、贵州省市场监督管理局、贵州省工业和信息化厅、贵州省生态环境厅	《贵州省打击非标地膜“百日攻坚”专项行动方案》	2023 年
18	贵州省农业农村厅、贵州省市场监督管理局、贵州省公安厅、贵州省人民检察院、贵州省高级人民法院	《2024 年贵州省农资打假整治行动方案》	2024 年
19	贵州省农业农村厅、贵州省市场监督管理局、贵州省工业和信息化厅、贵州省生态环境厅	《关于组织开展 2024 年地膜联合监管“百日攻坚”行动的通知》	2024 年
20	贵州省农业农村厅办公室	《贵州省 2024 年农膜科学使用回收工作方案》	2024 年
21	贵州省农业农村厅	《关于进一步做好农膜科学使用回收工作的通知》	2024 年
22	贵州省烟草专卖局、贵州省农业农村厅	《关于进一步加强烟田农膜科学使用回收的通知》	2025 年
23	贵州省农业农村厅、贵州省市场监督管理局、贵州省公安厅、贵州省人民检察院、贵州省高级人民法院	《2025 年贵州省农资打假整治行动方案》	2025 年

第二部分

体系构建

一、编制背景

农用薄膜作为现代农业的重要生产资料，按原料可分为聚乙烯（PE）、聚氯乙烯（PVC）和聚乙烯醇（PVA）等，其中PE薄膜因成本低、性能优占据主导地位；按功能则分为普通膜、多功能膜及特种膜（如生物降解膜）等。近年来，随着环保政策趋严和农业技术升级，农用薄膜行业正从传统低端产品向高功能、环保型转型，生物降解膜和耐老化膜成为发展重点。经过40余年的发展，农用薄膜覆盖技术已广泛应用于农业生产，并融入人们的生活。贵州省属亚热带湿润季风气候，四季分明，雨热同季，适宜多种农作物的生长，造就了农用薄膜应用的复杂多样。在贵州省山地农业区，农用薄膜的应用对于提高农业生产效益和农民收入具有重要意义。与此同时，农用薄膜广泛应用也带来了一系列问题，特别是地膜的不科学使用以及回收环节的缺失，导致农用薄膜残留污染日益严重，已成为一个重要的生态环境问题。

近年来，我国相继颁布实施《中华人民共和国土壤污染防治法》《农用薄膜管理办法》等法律法规和政策措施，旨在全面加强农用薄膜残留污染防控工作。在此背景下，加快推进农用薄膜标准化体系建设具有重要的战略意义。通过系统梳理现行标准，构建标准体系框架，不仅能为科学规范农用薄膜全生命周期管理提供技术支撑，更对保障粮食安全、推进农业绿色转型、促进产业可持续发展、助力农民增收致富以及增强产品市场竞争优势形成重要支撑。该标准体系的构建将形成覆盖全产业链的标准化网络，为产品生产和销售企业、科研院所、应用主体、质检机构以及相关行政主管部门等多元主体提供明确指引。可指导生产企业优化工艺标准，规范市场流通秩序，助力科研机构定向开展技术创新，帮助用膜主体建立科学使用规范，协助监管部门完善质量监测体系，最终形成多方协同、系统高效的标准化治理格局。

二、编制原则和依据

（一）编制原则

立足实际、科学全面。体系构建遵从GB/T 13016—2018《标准体系构建原则和要求》的基本规定，结合贵州实际，科学全面地构建农用薄膜标准体系，涵盖了农用薄膜生产、使用、回收及污染防控全生命周期。

绿色发展、生态优先。标准体系基于当前新形势下绿色发展需要，吸纳融合现行的国家、行业标准和贵州省地方标准，生态保护理念贯穿标准体系，推动农用薄膜产业与喀斯特脆弱生态系统协调共生。

开放协调、引领标杆。随着农业的不断发展和需求的变化，标准体系将积极吸收新的技术进行充实完善。同时，体系适宜范围广，必将引领贵州省农用薄膜产业持续健康发展，也为贵州省农用薄膜的科学使用提供指导和示范作用。

严谨求实、持续精进。针对农用薄膜当前的标准化现状，切实有效地构建标准体系，持续有效推进标准体系的完善，继而支撑农用薄膜和农业协同发展。

（二）编制依据

以《中华人民共和国环境保护法》《中华人民共和国土壤污染防治法》《中共中央 国务院关于完整准确全面贯彻新发展理念做好碳达峰碳中和工作的意见》《中华人民共和国产品质量法》《2030年前碳达峰行动方案》《农用薄膜管理办法》等法律法规和政策文件，以及GB 13735—2017《聚乙烯吹塑农用地面覆盖薄膜》和GB/T 35795—2017《全生物降解农用地面覆盖薄膜》等国家标准为核心，结合农用薄膜在贵州省农业生产中的应用现状，完成贵州省农用薄膜标准体系的编制工作。

三、标准体系内容

（一）标准体系框架

农用薄膜标准体系，包括基础标准、原材料控制标准、产品标准、检测标准、使用过程标准、碳排放标准、绿色评价标准七个子体系，具体见图2-1。各子体系主要包括如下内容。

基础标准子体系：包括术语与缩略语、符号与标志、数值与数据、设施设备；

原材料控制标准子体系：包括非降解材料、可降解材料、绿色助剂；

产品标准子体系：包括绿色产品设计、产品质量控制；

检测标准子体系：包括功能性检测、有害物质检测、生物降解性能检测、环境属性检测、品质属性检测；

使用过程标准子体系：包括科学使用、科学回收、科学处置；

碳排放标准子体系：包括碳排放数据质量、碳监测核算核查、低碳管理；

绿色评价标准子体系：包括绿色产品评价、绿色工厂评价、绿色供应链评价。

（二）标准体系明细表

贵州省农用薄膜标准体系明细表共计126项标准，详见表2-1。融入现行有效国家标准99项、行业标准23项、地方标准4项，标准体系统计详见表2-2。

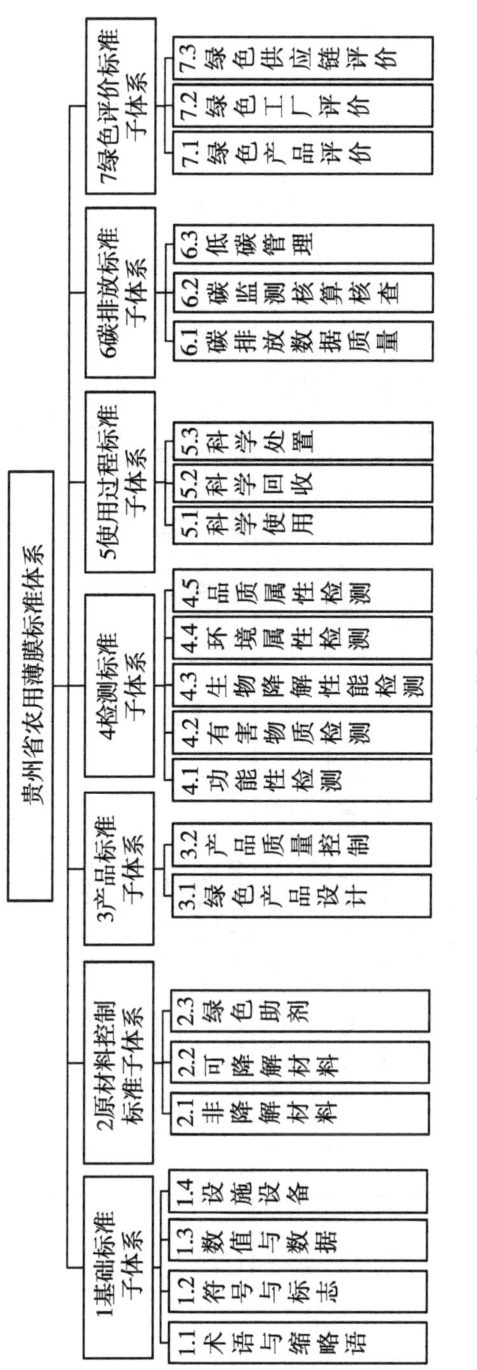

图2-1　贵州省农用薄膜标准体系框架

表 2-1 贵州省农用薄膜标准体系明细表

体系名称	子体系名称	序号	体系内标准编号	标准级别	标准号或文件号	标准名称
1 基础标准子体系	1.1 术语与缩略语	1	1.1.1	国家标准	GB/T 1844.1—2022	塑料　符号和缩略语　第 1 部分：基础聚合物及其特征性能
		2	1.1.2	国家标准	GB/T 1844.2—2022	塑料　符号和缩略语　第 2 部分：填料和增强材料
		3	1.1.3	国家标准	GB/T 1844.3—2022	塑料　符号和缩略语　第 3 部分：增塑剂
		4	1.1.4	国家标准	GB/T 1844.4—2008	塑料　符号和缩略语　第 4 部分：阻燃剂
		5	1.1.5	国家标准	GB/T 2035—2024	塑料　术语
		6	1.1.6	国家标准	GB/T 41974.1—2022	塑料　色母料　第 1 部分：命名系统和分类基础
		7	1.1.7	行业标准	JB/T 5438—2008	塑料机械　术语
	1.2 符号与标志	8	1.2.1	国家标准	GB/T 16288—2024	塑料制品的标志
		9	1.2.2	国家标准	GB/T 20197—2006	降解塑料的定义、分类、标识和降解性能要求
		10	1.2.3	国家标准	GB/T 31331—2014	改性塑料的环保要求和标识
		11	1.2.4	国家标准	GB/T 41010—2021	生物降解塑料与制品降解性能及标识要求
		12	1.2.5	国家标准	GB/T 45090—2024	塑料　再生塑料的标识和标志
	1.3 数值与数据	13	1.3.1	国家标准	GB/T 3358.1—2009	统计学词汇及符号　第 1 部分：一般统计术语与用于概率的术语
		14	1.3.2	国家标准	GB/T 8170—2008	数值修约规则与极限数值的表示和判定
		15	1.3.3	国家标准	GB/T 4086.1—1983	统计分布数值表　正态分布
		16	1.3.4	国家标准	GB/T 4086.6—1983	统计分布数值表　泊松分布
	1.4 设施设备	17	1.4.1	国家标准	GB/T 25412—2021	残地膜回收机
		18	1.4.2	行业标准	HG/T 6129—2022	聚乳酸基复合材料用挤出机
		19	1.4.3	行业标准	JB/T 5420—2014	同向双螺杆塑料挤出机
		20	1.4.4	行业标准	JB/T 5421—2013	塑料薄膜回收挤出造粒机组
		21	1.4.5	行业标准	JB/T 6491—2015	异向双螺杆塑料挤出机
		22	1.4.6	行业标准	JB/T 6492—2014	锥形异向双螺杆塑料挤出机

（续表）

体系名称	子体系名称	序号	体系内标准编号	标准级别	标准号或文件号	标准名称
2 原材料控制标准子体系	2.1 非降解材料	23	2.1.1	国家标准	GB/T 11115—2009	聚乙烯（PE）树脂
		24	2.1.2	国家标准	GB/T 33319—2016	塑料　聚乙烯（PE）透气膜专用料
		25	2.1.3	国家标准	GB/T 40006.2—2021	塑料　再生塑料　第 2 部分：聚乙烯（PE）材料
	2.2 可降解材料	26	2.2.1	国家标准	GB/T 27868—2011	可生物降解淀粉树脂
		27	2.2.2	国家标准	GB/T 29284—2024	聚乳酸
		28	2.2.3	国家标准	GB/T 29646—2013	吹塑薄膜用改性聚酯类生物降解塑料
		29	2.2.4	国家标准	GB/T 31124—2014	聚碳酸亚丙酯（PPC）
		30	2.2.5	国家标准	GB/T 32366—2015	生物降解聚对苯二甲酸-己二酸丁二酯（PBAT）
		31	2.2.6	国家标准	GB/T 43953—2024	全生物降解聚乙醇酸（PGA）
		32	2.2.7	行业标准	HG/T 5510—2019	塑料　聚对苯二甲酸丁二酯（PBT）树脂
		33	2.2.8	行业标准	QB/T 4012—2010	淀粉基塑料
	2.3 绿色助剂	34	2.3.1	国家标准	GB/T 7044—2022	色素炭黑
		35	2.3.2	国家标准	GB/T 15342—2023	滑石粉
		36	2.3.3	行业标准	QB 1648—1992	聚乙烯着色母料
3 产品标准子体系	3.1 绿色产品设计	37	3.1.1	—	—	—
	3.2 产品质量控制	38	3.2.1	国家标准	GB/T 4455—2019	农业用聚乙烯吹塑棚膜
		39	3.2.2	国家标准	GB 13735—2017	聚乙烯吹塑农用地面覆盖薄膜
		40	3.2.3	国家标准	GB/T 20202—2019	农业用乙烯-乙酸乙烯酯共聚物（EVA）吹塑棚膜
		41	3.2.4	国家标准	GB/T 35795—2017	全生物降解农用地面覆盖薄膜

（续表）

体系名称	子体系名称	序号	体系内标准编号	标准级别	标准号或文件号	标准名称
4 检测标准子体系	4.1 功能性检测	42	4.1.1	国家标准	GB/T 1037—2021	塑料薄膜与薄片水蒸气透过性能测定　杯式增重与减重法
		43	4.1.2	国家标准	GB/T 1038.1—2022	塑料制品　薄膜和薄片　气体透过性试验方法　第 1 部分：差压法
		44	4.1.3	国家标准	GB/T 1038.2—2022	塑料制品　薄膜和薄片　气体透过性试验方法　第 2 部分：等压法
		45	4.1.4	国家标准	GB/T 1040.1—2018	塑料　拉伸性能的测定　第 1 部分：总则
		46	4.1.5	国家标准	GB/T 1040.2—2022	塑料　拉伸性能的测定　第 2 部分：模塑和挤塑塑料的试验条件
		47	4.1.6	国家标准	GB/T 1040.3—2006	塑料　拉伸性能的测定　第 3 部分：薄膜和薄片的试验条件
		48	4.1.7	国家标准	GB/T 2410—2008	透明塑料透光率和雾度的测定
		49	4.1.8	国家标准	GB/T 2918—2018	塑料　试样状态调节和试验的标准环境
		50	4.1.9	国家标准	GB/T 6672—2001	塑料薄膜和薄片厚度测定　机械测量法
		51	4.1.10	国家标准	GB/T 6673—2001	塑料薄膜和薄片长度和宽度的测定
		52	4.1.11	国家标准	GB/T 16422.1—2019	塑料　实验室光源暴露试验方法　第 1 部分：总则
		53	4.1.12	国家标准	GB/T 16422.2—2022	塑料　实验室光源暴露试验方法　第 2 部分：氙弧灯
		54	4.1.13	国家标准	GB/T 21529—2008	塑料薄膜和薄片水蒸气透过率的测定　电解传感器法
		55	4.1.14	国家标准	GB/T 26253—2010	塑料薄膜和薄片水蒸气透过率的测定　红外检测器法
		56	4.1.15	国家标准	GB/T 30412—2013	塑料薄膜和薄片水蒸气透过率的测定　湿度传感器法
		57	4.1.16	国家标准	GB/T 37841—2019	塑料薄膜和薄片耐穿刺性测试方法
		58	4.1.17	国家标准	GB/T 43019.5—2023	塑料薄膜和薄片水蒸气透过率的测定　第 5 部分：压力传感器法
		59	4.1.18	国家标准	GB/T 43019.7—2023	塑料薄膜和薄片水蒸气透过率的测定　第 7 部分：钙腐蚀法
		60	4.1.19	行业标准	QB/T 1130—1991	塑料直角撕裂性能试验方法

（续表）

体系名称	子体系名称	序号	体系内标准编号	标准级别	标准号或文件号	标准名称
4 检测标准子体系	4.2 有害物质检测	61	4.2.1	国家标准	GB 6675.4—2014	玩具安全　第 4 部分：特定元素的迁移
		62	4.2.2	国家标准	GB/T 15337—2008	原子吸收光谱分析法通则
		63	4.2.3	国家标准	GB/T 22048—2022	玩具及儿童用品中特定邻苯二甲酸酯增塑剂的测定
		64	4.2.4	国家标准	GB/T 37638—2019	塑料制品中多溴联苯和多溴二苯醚的测定　高效液相色谱法
		65	4.2.5	国家标准	GB/T 37639—2019	塑料制品中多溴联苯和多溴二苯醚的测定　气相色谱-质谱法
		66	4.2.6	行业标准	SN/T 1877.2—2007	塑料原料及其制品中多环芳烃的测定方法
	4.3 生物降解性能检测	67	4.3.1	国家标准	GB/T 19276.1—2003	水性培养液中材料最终需氧生物分解能力的测定　采用测定密闭呼吸计中需氧量的方法
		68	4.3.2	国家标准	GB/T 19276.2—2003	水性培养液中材料最终需氧生物分解能力的测定　采用测定释放的二氧化碳的方法
		69	4.3.3	国家标准	GB/T 19277.1—2011	受控堆肥条件下材料最终需氧生物分解能力的测定　采用测定释放的二氧化碳的方法　第 1 部分：通用方法
		70	4.3.4	国家标准	GB/T 19277.2—2013	受控堆肥条件下材料最终需氧生物分解能力的测定　采用测定释放的二氧化碳的方法　第 2 部分：用重量分析法测定实验室条件下二氧化碳的释放量
		71	4.3.5	国家标准	GB/T 39715.2—2021	塑料　生物基含量　第 2 部分：生物基碳含量的测定
		72	4.3.6	国家标准	GB/T 39715.3—2021	塑料　生物基含量　第 3 部分：生物基合成聚合物含量的测定
		73	4.3.7	国家标准	GB/T 39715.4—2021	塑料　生物基含量　第 4 部分：生物基物质含量的测定
		74	4.3.8	国家标准	GB/T 41639—2022	塑料　在实验室规模模拟堆肥化条件下塑料材料崩解率的测定
		75	4.3.9	国家标准	GB/T 43288—2023	塑料　农业和园艺地膜用土壤生物降解材料　生物降解性能、生态毒性和成分控制的要求和试验方法

（续表）

体系名称	子体系名称	序号	体系内标准编号	标准级别	标准号或文件号	标准名称
4 检测标准子体系	4.4 环境属性检测	76	4.4.1	国家标准	GB/T 2408—2021	塑料　燃烧性能的测定　水平法和垂直法
		77	4.4.2	国家标准	GB/T 17592—2024	纺织品　禁用偶氮染料的测定
		78	4.4.3	国家标准	GB/T 25413—2010	农田地膜残留量限值及测定
		79	4.4.4	国家标准	GB/T 28206—2011	可堆肥塑料技术要求
		80	4.4.5	行业标准	GH/T 1378—2022	农田地膜源微塑料残留量的测定
		81	4.4.6	行业标准	QB/T 5158—2017	人造革合成革试验方法　二甲基甲酰胺含量的测定
		82	4.4.7	地方标准	DB52/T 1807—2024	农田地膜残留监测技术规范
	4.5 品质属性检测	83	4.5.1	国家标准	GB/T 9345.1—2008	塑料　灰分的测定　第 1 部分：通用方法
		84	4.5.2	国家标准	GB/T 9345.5—2008	塑料　灰分的测定　第 5 部分：聚氯乙烯
		85	4.5.3	国家标准	GB 4806.7—2023	食品安全国家标准　食品接触用塑料材料及制品
		86	4.5.4	国家标准	GB 31604.8—2021	食品安全国家标准　食品接触材料及制品　总迁移量的测定
5 使用过程标准子体系	5.1 科学使用	87	5.1.1	行业标准	NY/T 1224—2006	农用塑料薄膜安全使用控制技术规范
		88	5.1.2	地方标准	DB52/T 1676—2022	全生物降解农用地面覆盖薄膜　烟草种植使用规程
		89	5.1.3	地方标准	DB52/T 1729—2023	全生物降解农用地面覆盖薄膜　烟草种植效果评价
		90	5.1.4	地方标准	DB5206/T 58—2018	烤烟地膜覆盖技术规程
	5.2 科学回收	91	5.2.1	国家标准	GB/T 39171—2020	废塑料回收技术规范
		92	5.2.2	行业标准	GH/T 1354—2021	废旧地膜回收技术规范
		93	5.2.3	行业标准	NY/T 1227—2019	残地膜回收机　作业质量
	5.3 科学处置	94	5.3.1	国家标准	GB 28481—2012	塑料家具中有害物质限量
		95	5.3.2	国家标准	GB/T 30102—2024	塑料废弃物的回收和再利用指南
		96	5.3.3	国家标准	GB/T 37821—2019	废塑料再生利用技术规范
		97	5.3.4	国家标准	GB/T 42550—2023	农业废弃物资源化利用　农业生产资料包装废弃物处置和回收利用
		98	5.3.5	国家标准	GB/T 45091—2024	塑料　再生塑料限用物质限量要求
		99	5.3.5	行业标准	QB/T 4881—2015	再生和回收塑料制品安全技术条件

（续表）

体系名称	子体系名称	序号	体系内标准编号	标准级别	标准号或文件号	标准名称
6 碳排放标准子体系	6.1 碳排放数据质量	100	6.1.1	国家标准	GB/T 32151.10—2023	碳排放核算与报告要求　第 10 部分：化工生产企业
	6.2 碳监测核算核查	101	6.2.1	国家标准	GB/T 24067—2024	温室气体　产品碳足迹　量化要求和指南
		102	6.2.2	国家标准	GB/T 32150—2015	工业企业温室气体排放核算和报告通则
		103	6.2.3	国家标准	GB/T 41638.1—2022	塑料　生物基塑料的碳足迹和环境足迹　第 1 部分：通则
		104	6.2.4	国家标准	GB/T 41638.2—2023	塑料　生物基塑料的碳足迹和环境足迹　第 2 部分：材料碳足迹　由空气中并入到聚合物分子中 CO_2 的量（质量）
		105	6.2.5	国家标准	GB/T 41638.3—2023	塑料　生物基塑料的碳足迹和环境足迹　第 3 部分：过程碳足迹　量化要求与准则
		106	6.2.6	行业标准	QB/T 5676—2022	农用薄膜单位产品能耗限额
	6.3 低碳管理	107	6.3.1	—	—	—
7 绿色评价标准子体系	7.1 绿色产品评价	108	7.1.1	国家标准	GB/T 32163.2—2015	生态设计产品评价规范　第 2 部分：可降解塑料
		109	7.1.2	国家标准	GB/T 33761—2024	绿色产品评价通则
		110	7.1.3	国家标准	GB/T 37866—2019	绿色产品评价　塑料制品
		111	7.1.4	行业标准	HG/T 5871—2021	绿色设计产品评价技术规范　聚对苯二甲酸乙二醇酯（PET）树脂

（续表）

体系名称	子体系名称	序号	体系内标准编号	标准级别	标准号或文件号	标准名称
7 绿色评价标准子体系	7.2 绿色工厂评价	112	7.2.1	国家标准	GB/T 36132—2018	绿色工厂评价通则
		113	7.2.2	行业标准	HG/T 6182—2024	物理回收再生塑料行业绿色工厂评价要求
	7.3 绿色供应链评价	114	7.3.1	国家标准	GB/T 33635—2017	绿色制造　制造企业绿色供应链管理　导则
		115	7.3.2	国家标准	GB/T 38702—2020	供应链安全管理体系　实施供应链安全、评估和计划的最佳实践　要求和指南
		116	7.3.3	国家标准	GB/T 39256—2020	绿色制造　制造企业绿色供应链管理　信息化管理平台规范
		117	7.3.4	国家标准	GB/T 39257—2020	绿色制造　制造企业绿色供应链管理　评价规范
		118	7.3.5	国家标准	GB/T 39258—2020	绿色制造　制造企业绿色供应链管理　采购控制
		119	7.3.6	国家标准	GB/T 39259—2020	绿色制造　制造企业绿色供应链管理　物料清单要求
		120	7.3.7	国家标准	GB/T 42109—2022	供应链资产管理体系实施指南
		121	7.3.8	国家标准	GB/T 43060—2023	供应链电子商务业务协同技术要求
		122	7.3.9	国家标准	GB/T 43145—2023	绿色制造　制造企业绿色供应链管理　逆向物流
		123	7.3.10	国家标准	GB/T 43632—2024	供应链安全管理体系　供应链韧性的开发　要求及使用指南
		124	7.3.11	国家标准	GB/T 43902—2024	绿色制造　制造企业绿色供应链管理　实施指南
		125	7.3.12	国家标准	GB/T 43903—2024	绿色制造　制造企业绿色供应链管理　信息追溯及披露要求
		126	7.3.13	行业标准	RB/T 088—2022	绿色供应链管理体系　审核指南
		127	7.3.14	行业标准	RB/T 089—2022	绿色供应链管理体系　要求及使用指南
		128	7.3.15	行业标准	RB/T 090—2022	绿色供应链管理体系　绩效评价通则

表 2-2　贵州省农用薄膜标准体系统计表

标准类别		国家标准	行业标准	地方标准	合计
基础标准子体系	术语与缩略语	6	1	0	22
	符号与标志	5	0	0	
	数值与数据	4	0	0	
	设施设备	1	5	0	
原材料控制标准子体系	非降解材料	3	0	0	14
	可降解材料	6	2	0	
	绿色助剂	2	1	0	
产品标准子体系	绿色产品设计	0	0	0	4
	产品质量控制	4	0	0	
检测标准子体系	功能性检测	18	1	0	45
	有害物质检测	5	1	0	
	生物降解性能检测	9	0	0	
	环境属性检测	4	2	1	
	品质属性检测	4	0	0	
使用过程标准子体系	科学使用	0	1	3	13
	科学回收	1	2	0	
	科学处置	5	1	0	
碳排放标准子体系	碳排放数据质量	1	0	0	7
	碳监测核算核查	5	1	0	
	低碳管理	0	0	0	
绿色评价标准子体系	绿色产品评价	3	1	0	21
	绿色工厂评价	1	1	0	
	绿色供应链评价	12	3	0	
合计		99	23	4	126

四、拟制定标准建议

标准体系已将现行有效的国家、行业及贵州省地方标准纳入标准体系明细表，在此基础上，针对贵州省的具体实际，着眼未来发展需求，建议从以下 4 个方面持续推进贵州省农用薄膜标准的制定。

农业适配性方面：制定与贵州省农业技术相适配的农用薄膜标准，结合贵州省独特的气候条件、土壤特性及农作物生长需求，推动特色农业种植技术的标准化。

农用薄膜回收方面：加快制定废旧地膜回收技术规范，以促进资源的有效循环利用和环境保护。

台账建设方面：推进农用薄膜台账建设的标准化，制定相应的台账应用标准，确保农用薄膜使用的规范化和透明度。

全生物降解地膜方面：鉴于全生物降解地膜材料及其应用的特殊性，制定相应的标准，以支持环保型农用薄膜的推广和应用。

通过完善以上 4 个方面的标准化工作，必将进一步优化和提升贵州省农用薄膜标准体系建设水平，为持续推进贵州省山地农业的绿色健康发展保驾护航。

第三部分
标准实践

一、强制性标准实施情况分析

GB 13735—2017《聚乙烯吹塑农用地面覆盖薄膜》是我国农用薄膜领域唯一的强制性标准，在地膜的生产、使用、监管领域发挥着重要作用，对其实施情况进行分析具有重要的现实意义。

（一）标准的产生与发展

我国自 1979 年引进日本聚乙烯吹膜技术，20 世纪 80 年代初，聚乙烯（PE）地膜覆盖栽培技术迅速推广应用，极大地促进了我国农业的发展。1984 年，原国家轻工部发布实施了 SG 369—1984《聚乙烯吹塑农用地面覆盖薄膜》标准，1992 年经修订，成为国家标准 GB 13735—1992《聚乙烯吹塑农用地面覆盖薄膜》。2013 年，《聚乙烯吹塑农用地面覆盖薄膜》被列入当年第一批国家标准制修订计划中的重点项目，GB 13735—2017《聚乙烯吹塑农用地面覆盖薄膜》于 2017 年 10 月 14 日发布，2018 年 5 月 1 日实施。

GB 13735—1992 标准是计划经济的产物，计划经济时代制定标准主要考虑指导企业生产。市场经济环境下，生产企业最需要的是市场需求，市场也最需要用标准进行规范。相比 1992 版标准，现行国家标准由原标准的Ⅳ类，简化为Ⅱ类（Ⅰ类：耐老化地膜，Ⅱ类：普通地膜），厚度下限由 0.008 mm 提高到 0.01 mm，推荐厚度增加了 0.015 mm、0.016 mm、0.018 mm、0.025 mm 和 0.030 mm 规格。增加了地膜标称厚度的要求（最小不得小于 0.010 mm），有效控制超薄薄膜流入农业市场。提高了厚度偏差下限，厚度极限偏差由（±0.003）mm 更改为（−0.002，+0.003）mm，厚度平均偏差由±15%更改为（−12，+15）%。地膜厚度的增加，相应的力学性能指标的增强，有利于地膜的机械作业和回收处理。同时，也有利于适期揭膜技术的推广，提高地膜使用次数。修订后的标准规格、力学性能不分等级，便于政府监管，避免了产品质量打擦边球现象。力学性能指标按不同厚度范围分为 0.010 mm≤公称厚度<0.015 mm、0.015 mm≤公称厚度<0.020 mm 和 0.020 mm≤公称厚度≤0.030 mm 的 3 个范围，要求地膜厚度增加的同时强度也相应的提高，可有效地控制生产过程中因过多添加回收料只增加厚度而强度偏低的问题。另外，现行国家标准范围简化了主要原料部分的叙述，让生产企业在材料配方上有更大的自由度，有利于产品技术发展和新材料新工艺的开发与应用。且规定了不适用于可降解地膜的情况，给降解地膜留下推广应用的空间，使覆盖期较短的农作物多了一种选择。可以肯定，现行国家标准的发布对于解决我国农田地膜残留污染问题，推进地膜科学使用回收具有重要意义。

虽然我国现行国家标准提高了地膜厚度及其相关性能要求，但与日本、美国及欧洲等国家或地区相比仍存在差距。从日本来看，日本没有专门针对地膜的标准，在 JIS K 6781—1994《农业用聚乙烯薄膜》标准中规定聚乙烯薄膜厚度规格 0.02 mm 为最低，吹塑法地膜厚度的允许误差为±40%，平均厚度偏差±15%，地膜局部最薄的厚度点为 0.012 mm。日本的地膜一般要使用 3~4 次，废弃后的塑料地膜不允许焚烧，也不许弃于田间，必须交给有资质的专业回收机构统一处理。从表 3−1 也可以看出，发达国家及地区其地膜最低厚度要求均高于中国，达2倍以上。

表3-1 中国与日本、美国、欧洲地区地膜标准厚度对比

国家和地区	标准编号	厚度范围（mm）	允许偏差（%）	厚度下限（mm）
中国	GB 13735—2017	0.010~0.030	+15 −12	0.008
日本	JIS K 6781—1994	0.02~0.1	±15	0.017
美国	ASTM D4397—16	0.025~0.25	±20	0.020
欧洲	EN 13206—2017	0.025~0.2	±5	0.024

（二）标准实施现状

1. 标准实施取得成效

地膜是我国农业生产重要的生产资料之一，覆膜的农作物比不覆膜的农作物产量高出约1.2倍，使农民收入增长约1.3倍。地膜应用极大提升了农业生产力，也相对降低了人工成本，提高了农民的经济收入。我国每年农作物播种面积近25亿亩，其中作物覆膜面积近3亿亩，农作物地膜覆盖比率在12.7%左右。地膜覆盖对农业节水和增产效果十分显著，地膜覆盖技术应用使作物平均单产和水分利用效率分别提高45.5%和58.0%。初步估算，我国地膜覆盖技术每年使农作物增产所带来的直接经济效益在1 200亿~1 400亿元。地膜覆盖技术应用对我国农业生产和农产品安全供给的贡献应该得到充分肯定。随着科学技术的进步，对地膜的要求也越来越高，各种新型地膜不断出现。

地膜覆盖栽培技术在贵州省山地农业生产中使用较为普遍，平均覆膜比例为30%~89%。受高程和气候等地理因素影响，高海拔地区（毕节市、六盘水市和黔西南州）的平均覆膜比例和平均年地膜使用量较大。全省平均地膜覆盖强度（每亩地膜使用量）为5.0~9.3 kg/亩①，平均地膜使用强度（每年单位耕地面积的地膜使用量）23.8~98.4 kg/（hm^2·年），其中六盘水市平均地膜使用强度最高，其次为黔南州和遵义市。主要覆膜作物包括烤烟、蔬菜、马铃薯、辣椒、玉米等，主要使用标称厚度为0.01 mm的普通聚乙烯地膜，标识宽度以1 200 mm为主，多使用普通无色透明地膜，其次为黑色、银色和黑白双色地膜，少部分为全生物降解地膜。

在地膜大规模使用过程中，地膜残留对土地的污染问题也日益严重。强制性国家标准具有"保基本、兜底线"的作用，是政府推进治理体系和治理能力现代化的重要手段之一。与GB 13735—1992标准相比，目前我国现行的GB 13735—2017《聚乙烯吹塑农用地面覆盖薄膜》标准，提高了地膜的厚度、拉伸负荷等关键指标的要求。研究表明，地膜厚度指标对回收影响较大，地膜厚度为0.006 mm、0.008 mm、0.010 mm、

① 1亩≈667 m^2，15亩=1 hm^2。全书同。

0.012 mm时，残膜回收率分别为40.00%、72.00%、86.00%、86.00%，呈逐渐递增趋势。厚度为0.010 mm和0.012 mm的地膜回收率显著高于其他厚度，但两者之间没有差异。不同厚度地膜在棉田使用及回收效果试验表明，地膜厚度0.015 mm与0.008 mm相比，拉力提高了35.40%，人工和机械回收率分别提高18.00%、27.25%。因此，现行国家标准的实施有利于地膜使用后的回收，对减少地膜残留污染具有重要意义。

现行国家标准GB 13735—2017《聚乙烯吹塑农用地面覆盖薄膜》的实施，使地膜生产企业提高了对产品质量的重视。近年来，贵州省对地膜生产领域的抽检合格率均保持在较高水平。在使用环节，经过农业农村主管部门的宣传，农户对地膜的使用效果和残留问题有了更深刻的认识，主动选择符合国家标准的产品，这不仅有助于提高农业生产效率，还促进了环保意识的提升，为标准的全面推进落实提供了良好的基础。

2. 标准实施问题分析

现行国家标准GB 13735—2017《聚乙烯吹塑农用地面覆盖薄膜》的实施，在促进产业发展，推进地膜科学使用回收，保护生态环境等方面发挥了重要的作用。但由于地膜的生产、使用、回收与处置是一项复杂的多学科交叉的系统工程，目前仍面临不少困难和问题。

（1）产品质量现状

根据2021—2024年贵州省地膜生产和流通领域监督抽查情况来看（表3-2、表3-3），地膜仍存在不合格指标，主要为厚度指标达不到国家标准要求。具体为厚度极限偏差、平均厚度偏差，均为负偏差超过标准要求。按照现行国家标准规定，地膜的最小标称厚度不得小于0.010 mm。但地膜是按重量销售，在同等覆盖面积下，地膜越薄，使用成本越低，导致生产厂家为迎合消费者需求而打政策“擦边球”。

表3-2　2021—2024年贵州省地膜生产领域监督抽查情况

序号	年份	抽查批次	不合格批次	不合格项目
1	2024	6	1	厚度极限偏差、平均厚度偏差
2	2023	8	0	—
3	2022	7	1	厚度极限偏差
4	2021	8	0	—

表3-3　2021—2024年贵州省地膜流通领域监督抽查情况

序号	年份	抽查批次	不合格批次	不合格项目
1	2024	15	1	厚度极限偏差、平均厚度偏差
2	2023	30	3	厚度极限偏差、平均厚度偏差
3	2022	33	1	厚度极限偏差、平均厚度偏差
4	2021	41	2	厚度极限偏差、平均厚度偏差

从地膜生产厂家现状来看，多为小、微企业，产品单一，存在科技创新能力差、研

发投入低、市场竞争力弱等问题。家庭式工厂占有相当大的比例，企业产量低，市场小，以本地生产本地销售为主。大部分企业没有专业的技术人员，生产工人只懂得基本的操作程序，对于生产过程中出现的技术问题极易被忽视，存在产品质量不稳定的风险。企业之间的无序竞争，形成部分低质低价的行业状况，这也是造成产品质量不稳定的因素之一。

（2）标准适用性

与本标准配套的 GB/T 1040. 1—2006《塑料拉伸性能的测定　第 1 部分：总则》等 4 个标准均已更新。现行有效标准涉及样品的检验环境、老化性能检验、拉伸性能的检测，详见表 3-4。由于现行国家标准 GB 13735—2017《聚乙烯吹塑农用地面覆盖薄膜》中所有标准均为标注日期的引用文件，故最新版的标准不能适用于现行国家标准。

表 3-4　引用标准更新情况

序号	标准名称	引用的版本	现行有效版本
1	塑料拉伸性能的测定　第 1 部分：总则	GB/T 1040. 1—2006	GB/T 1040. 1—2018
2	塑料　试样状态调节和试验的标准环境	GB/T 2918—1998	GB/T 2918—2018
3	塑料　实验室光源暴露试验方法　第 1 部分：总则	GB/T 16422. 1—2006	GB/T 16422. 1—2019
4	塑料　实验室光源暴露试验方法　第 2 部分：氙弧灯	GB/T 16422. 2—2014	GB/T 16422. 2—2022

（3）标准实施监管

从实施监管来看，仍存在以下问题。一是有待进一步完善相关政策。以绿色发展为导向的地膜污染防治政策仍有缺位，对回收和处置环节的激励作用有限，回收后的地膜加工盈利空间有限或难于产生盈利。二是监管执行难度大。在同等覆盖面积下，非标地膜因成本低，仍然被农户接纳和使用。三是地膜生产准入门槛低，生产企业存在“小、散、乱”的现象，增加了监管难度。

（4）回收技术瓶颈

回收、替代技术不成熟。目前，地膜回收主要以人工捡拾为主，缺乏经济可行的机械回收技术，回收作业成本高、效率低，且回收后利用价值也低。全生物降解地膜替代技术目前虽有一定推广应用，但形成绝对的替代优势还需要时间。因此，单靠提高标准中产品相关指标要求，难以达到根治地膜污染的目的。加之非标地膜使用现象仍然存在，使用后老化快、易破碎，残膜与根茬、泥土混杂在一起，很难分离，导致捡拾成本高，从源头上增加了地膜回收的难度。

（三）标准实施建议

地膜产品质量安全事关农业增产、农民增收及农田“白色污染”的治理，推进符合强制性国家标准 GB 13735—2017《聚乙烯吹塑农用地面覆盖薄膜》要求的地膜产品应用，是实现农业增产增收，促进资源全面节约和循环利用的重要举措，也是推进地膜生产、销售、使用、回收、再利用达到良性循环，实现绿色高质量发展的重要支撑。为进一步强化现行国家标准 GB 13735 的实施，提出如下建议。

一是强化标准宣贯与质量监管。相关管理部门定期组织标准宣贯，通过广泛宣传现行国家标准的意义、内容及实施要求，提升全链条认知，确保信息覆盖到生产企业、销售企业、农民及广大消费者。相关监管机构加强地膜产品质量监督抽查的覆盖面和抽查力度，建立不定期的现场检验制度，对不合格产品现场曝光，严把产品质量关。从而通过整顿产品质量来规范市场、引导产业健康发展。

二是加强政企协同与制度建设。实行政府职能部门牵头，技术机构支撑，行业协会组织督导，企业积极参与的模式。政府给予一定的经费资助，形成制度化、系统化的质量控制机制。加强农用薄膜循环利用制度建设，如农村收集制度、环境资源信息透明与公众监督制度、区域环境保护补偿制度等，构建完备的循环利用及产业发展制度体系和长效机制。

三是加大技术创新与体系建设。推进废旧地膜回收利用，是防治农业面源污染、保护农业生态环境、促进农业可持续发展的重要举措。加大技术创新与地膜科学使用回收体系建设，建立并推广符合地方实际情况的地膜应用模式，鼓励农户和企业参与地膜回收工作，形成良性自循环生态系统。

四是完善法规体系与政策措施。借鉴日本、美国及欧洲等发达国家经验，系统分析和总结现行国家标准 GB 13735 的实施效果。结合我国实际，择机启动 GB 13735 的修订，进一步优化和完善现有国家标准相关参数和性能指标。加大废旧地膜循环利用及产业可持续发展的政策支持力度，建立更加完善的法律法规体系和政策措施。

二、贵州省农用薄膜标准建设

近年来，为做好贵州省农用薄膜标准化工作，贵州省先后制定并发布实施了 DB52/T 1676—2022《全生物降解农用地面覆盖薄膜　烟草种植使用规程》、DB52/T 1729—2023《全生物降解农用地面覆盖薄膜　烟草种植效果评价》以及 DB52/T 1807—2024《农田地膜残留监测技术规范》3 个地方标准，另有《废旧地膜回收技术规范和质量要求》正在制定中。这些标准的制定与实施，对促进贵州省农业绿色发展，减少农田污染，改善生态环境具有重要意义。现将标准相关情况介绍如下。

（一）DB52/T 1676—2022《全生物降解农用地面覆盖薄膜　烟草种植使用规程》

该标准规定了全生物降解地膜在烟草种植中的选择、使用方法、关键农事操作要求以及使用后的处理方式，为烟草种植中全生物降解地膜的使用提供了明确的技术指导。标准规定全生物降解地膜产品质量应符合 GB/T 35795—2017《全生物降解农用地面覆盖薄膜》要求，经小面积试用验证后可逐步推广。关键农事要求包括：覆膜前清理烟地残留物、平整土地；有机肥料提前施入土壤，避免与全生物降解地膜接触；根据土壤含水量选择覆膜方式，覆膜时确保全生物降解地膜紧贴垄面且密封严实；烟地需开沟排水，防止积水；针对井窖式移栽，制作井窖推荐圆形打孔器具，避免器具撕裂膜口；培土上厢时直接将全生物降解地膜破坏埋入土壤；使用后需清理烟地并翻地，确保全生物降解地膜埋入土壤；剩余地膜应避光、干燥保存，并在有效期内使用。

该标准的实施，为全生物降解地膜在烟草上的应用提供了科学、系统的使用指南，在助力提升烟草种植效益的同时，有效减少了传统塑料地膜对环境的污染。在推广应用中取得了显著的环境和生态效益，为农业绿色发展注入了新动力。但在实际应用过程中，仍暴露出一些亟待解决的问题，如全生物降解地膜的降解速度与烟草生长周期的匹配度不够精准，以及产品质量稳定性有待进一步提升等。这些问题在一定程度上影响了全生物降解地膜的推广应用效果，也对后续的改进工作提出了更高要求。伴随着全生物降解材料技术的持续创新与突破，如新型材料的不断涌现和降解性能的优化升级，全生物降解地膜在烟草以及整个农业种植中的应用前景必将更为广阔。这不仅能够进一步提升烟草种植的可持续性，也将为农业绿色转型提供更有力的技术支撑，助力实现生态效益与经济效益的双赢，为农业现代化发展开辟新路径。

（二）DB52/T 1729—2023《全生物降解农用地面覆盖薄膜　烟草种植效果评价》

该标准明确了全生物降解地膜在烟草种植中的效果评价方法，包括试验设计、评价指标、评价方法及报告撰写等内容，为科学评估全生物降解地膜的种植效果提供了依据。标准推荐试验设计采用小区试验，在采集全生物降解地膜、试验烟草生产、土壤基础肥力和物理结构等基本信息的同时，围绕土壤理化指标、地膜性能指标、烟草农艺性状、烟叶经济效益、烟叶质量和全生物降解地膜田间降解六个方面指标开展评价，并明确了相关评价方法和评价报告撰写具体内容（包括试验时间、地点、材料方法、测试指标、过程及结论与建议等）。

该标准的实施，为全生物降解地膜在烟草种植中的应用效果搭建起了一套科学、系统的评价框架。标准从土壤理化性质、烟草农艺性状、烟叶经济指标以及地膜降解特性等多维度展开全面评价，为农业生产者和科研人员提供了明确的指导方向。通过这一标准的实施，农业生产者能够选择适合自身种植需求的全生物降解地膜产品，科研人员则能依据标准对全生物降解地膜产品进行系统的评价，为全生物降解地膜产品质量改进与提升提供支持。同时，该标准与 DB52/T 1676—2022《全生物降解农用地面覆盖薄膜　烟草种植使用规程》进行了有效衔接，为全生物降解地膜的推广应用提供了有力支撑。

（三）DB52/T 1807—2024《农田地膜残留监测技术规范》

该标准是在国家和贵州省农田地膜残留监测工作实施多年的基础上，为进一步科学、合理、高效推进农田地膜残留监测工作编制而成。其内容规定了农田地膜残留的监测技术要求，包括采样方法、样品处理、残留量计算及监测报告的撰写等，该标准的制定为贵州省农田地膜残留监测提供了统一的技术规范。标准规定，采样前需收集地膜投入量、覆膜作物等资料。监测点应选择在平坦、稳定的农田，避开异常点，距离铁路或公路 300 m 以上。每个监测点布设 5 个采样样方，采用对角线法、梅花点法或蛇形线法布设，采样时间在作物收获后、翻地前进行。采样时，用定位仪确定采样点，挖取 100 cm×100 cm、深度 30 cm 的样方土壤，筛去土壤后收集残留地膜。样品处理包括超声清洗、晾干和称重。地膜残留量以克/平方米（g/m^2）计算。监测报告需涵盖监测点基本信息、采样方法、样品处理、残留量计算结果及分析结论，并附现场记录表和照片。

该标准的实施意义重大，也将取得显著成效。首先，该标准规范了农田地膜残留的采样、样品处理、残留量计算及监测报告等，有力支撑了贵州省农田地膜残留监测工作，提升了监测数据的准确性和可靠性，为科学评估地膜残留污染对农田生态环境的影响提供了依据。其次，通过标准化监测，各地对地膜残留情况有了更清晰的了解，为有针对性地开展地膜回收和残膜污染治理提供了决策基础。此外，该标准的实施还促进了人们对地膜残留污染危害的认识，提高了其环保意识和科学使用地膜的水平，推动了地膜回收技术和全生物降解地膜的广泛应用，为地膜污染防治和农业可持续发展提供技术支持。

（四）《废旧地膜回收技术规范和质量要求》（征求意见稿）

为了突出环保与资源循环利用的重要性，推动农业可持续发展，贵州省开展了《废旧地膜回收技术规范和质量要求》地方标准制定。

该标准规定了地膜田间覆盖、回收网点建设和废旧地膜回收全流程的技术规范与质量要求，明确了地膜质量需严格执行 GB 13735—2017《聚乙烯吹塑农用地面覆盖薄膜》标准，根据气候条件和农业生产实际选择合理方式，确保整地、施肥、覆膜、播种等环节规范操作。回收网点选址应远离居民区、水源和自然保护区，配备防雨、防晒、防渗透等设施，并建立台账记录。废旧地膜回收流程包括在使用期限到期前揭膜、清除秸秆残茬后回收，可采用机械回收、人工回收或两者结合的方式，回收后需及时交送网点或加工企业，禁止随意弃置、掩埋或焚烧。回收质量要求含杂率≤25%的地膜可用于资源化利用，如生产再生颗粒或制品；含杂率>25%的地膜宜进行无害化处置。

该标准的制定将规范贵州省废旧地膜的回收，为推进地膜科学使用后的处理提供遵循。这将为贵州省农田“白色污染”的防控和治理提供有力支撑，极大地推动地膜的科学使用回收，促进农业生态环境的持续改善。

三、贵州省农用薄膜使用回收台账建设

根据《农用薄膜管理办法》规定，农用薄膜生产者应当依法建立农用薄膜出厂销售记录制度，农用薄膜销售者应当依法建立销售台账，农业生产企业、农民专业合作社等使用者应当依法建立农用薄膜使用记录，农用薄膜回收网点和回收再利用企业应当依法建立回收台账，明确要求建立农用薄膜出厂、销售、使用和回收台账，完善数据管理。目前，全国尚未建立统一规范的农用薄膜管理台账。2024 年 9 月，农业农村部农业生态与资源保护总站召开地膜科学使用回收技术研讨会，提出研究开展地膜使用回收台账试点建设。

近年来，贵州省结合自身实际，积极开展探索实践，农用薄膜管理台账建设在政策框架下逐步规范。按照《农用薄膜管理办法》和《全国农业资源环境信息统计调查制度》有关要求，在贵州省农业农村系统初步建立了农用薄膜使用回收“三清单一台账”（即：用膜主体清单、农用薄膜回收网点清单、农用薄膜回收加工企业清单，农用薄膜覆盖及回收处置情况台账），指导农业生产企业、农民专业合作社等使用者依法建立了农用薄膜使用记录，指导农用薄膜回收网点和回收再利用企业依法建立了回收台账。在部分重点用膜地区，开展农用薄膜使用回收小程序建设试点、农用薄膜使用及回收情况问卷调查。

（一）农用薄膜使用回收“三清单一台账”

1. 用膜主体清单

用膜主体是指农业生产企业、农民专业合作社、规模农业经营户，其中规模农业经营户指具有较大农业经营规模，以商品化经营为主的农业经营户，一年一熟制地区露地种植农作物的土地达到100亩及以上、一年二熟及以上地区露地种植农作物的土地达到50亩及以上、设施农业的设施占地面积25亩及以上。

用膜主体清单包括主体名称、主体类型（农业生产企业、农民专业合作社、规模农业经营户）、地址（乡镇、村）、覆膜面积、用膜类别（棚膜、标准地膜、加厚高强度地膜、全生物降解地膜）、覆膜作物、联系人、联系方式等内容。用膜主体清单（参考模板）见表3-5。

表3-5　用膜主体清单

（参考模板）

序号	主体名称	主体类型	地址（乡镇、村）	覆膜面积（亩）	用膜类别	覆膜作物	联系人	联系方式	备注
1									
2									
3									
…									

注：1. 主体类型包括农业生产企业、农民专业合作社、规模农业经营户。

2. 用膜类别包括棚膜、标准地膜、加厚高强度地膜、全生物降解地膜等。

2. 农用薄膜回收网点清单

针对辖区内专营或兼营从事废旧农用薄膜收集、回收、储运、中转的站点，建立农用薄膜回收网点清单，清单包括回收网点名称、地址、面积、回收量、联系人、联系方式等内容。农用薄膜回收网点清单（参考模板）见表3-6。

表 3-6　农用薄膜回收网点清单
（参考模板）

序号	回收网点名称	地址	面积（亩）	回收量（吨）	联系人	联系方式	备注
1							
2							
3							
…							

3. 农用薄膜回收加工企业清单

针对辖区内以废旧农用薄膜或废旧农用薄膜为原料之一，进行加工再利用，生产聚乙烯再生颗粒、聚乙烯再生制品、聚乙烯复合材料等的企业，建立农用薄膜回收加工企业清单，清单包括企业名称、地址、加工能力、产品类型、联系人、联系方式等内容。农用薄膜回收加工企业清单（参考模板）见表 3-7。

表 3-7　农用薄膜回收加工企业清单
（参考模板）

序号	企业名称	地址	加工能力（t/年）	产品类型	联系人	联系方式	备注
1							
2							
3							
…							

4. 农用薄膜覆盖及回收处置情况台账

农用薄膜覆盖及回收处置情况台账包括地膜覆膜面积、聚乙烯地膜使用量、全生物降解地膜使用量、废旧地膜资源化再利用量、废旧地膜无害化处理量、棚膜覆膜面积、棚膜使用量、棚膜回收量、地膜残留国控监测点数量、地膜残留省控监测点数量、回收加工企业数量、回收网点数量、以及主要作物地膜覆盖情况等内容。农用薄膜覆盖及回收处置情况台账（参考模板）见表 3-8、表 3-9。

（二）农业生产企业、农民专业合作社农用薄膜使用记录

农业生产企业、农民专业合作社等农用薄膜使用记录台账包括企业或者专业合作社名称、农用薄膜使用时间、覆膜地点、覆膜作物、农用薄膜类型、使用量、覆膜面积、农用薄膜生产厂家名称、农用薄膜购买来源、使用人等内容。农业生产企业、农民专业合作社等农用薄膜使用记录台账（参考模板）见表 3-10。

表 3-8　农用薄膜覆盖及回收处置情况

（参考模板）

序号	地膜				棚膜			地膜残留监测点		回收企业和网点		
	覆膜面积（hm^2）	聚乙烯地膜使用量（t）	全生物降解地膜使用量（t）	废旧地膜资源化再利用量（t）	废旧地膜无害化处理量（t）	覆膜面积（hm^2）	使用量（t）	回收量（t）	国控监测点数量（个）	省控监测点数量（个）	回收加工企业数量（个）	回收网点数量（个）
1												
2												
3												
…												

注：1. 覆膜面积指通过调查统计获得的地膜或棚膜覆盖面积，其中棚膜覆盖面积按所建设施的占地面积计算。

2. 聚乙烯地膜使用量指通过调查统计获得的聚乙烯地膜使用量。

3. 全生物降解地膜使用量指通过调查统计获得的全生物降解地膜使用量。

4. 废旧地膜资源化再利用量指通过调查统计获得的加工再利用企业资源化再利用的废旧地膜量，应刨除其中的秸秆、泥土等杂质含量。

5. 废旧地膜无害化处理量指通过调查统计获得的进入农村生活垃圾处理系统焚烧、卫生填埋、有序堆放等方式无害化处理的废旧地膜量，应刨除其中的秸秆、泥土等杂质含量。

表 3-9　主要作物地膜覆盖情况

（参考模板）

序号	合计			蔬菜			烟草			玉米			马铃薯			辣椒			其他		
	播种面积（hm^2）	覆膜面积（hm^2）	地膜用量（t）	播种面积（hm^2）	覆膜面积（hm^2）	地膜用量（t）	播种面积（hm^2）	覆膜面积（hm^2）	地膜用量（t）	播种面积（hm^2）	覆膜面积（hm^2）	地膜用量（t）	播种面积（hm^2）	覆膜面积（hm^2）	地膜用量（t）	播种面积（hm^2）	覆膜面积（hm^2）	地膜用量（t）	播种面积（hm^2）	覆膜面积（hm^2）	地膜用量（t）
1																					
2																					
3																					
…																					

注：1. 播种面积指农业生产经营者应在日历年度内收获农作物在全部土地（耕地或非耕地）上的播种或移植面积。凡是本年内收获的农作物，无论是本年还是上年播种，都算为播种面积，但不包括本年播种，下年收获的农作物面积。

2. 覆膜面积指通过调查统计获得的地膜覆盖面积。

3. 地膜用量指通过调查统计获得的地膜使用量。

表 3-10　农业生产企业、专业合作社等农用薄膜使用记录台账
（参考模板）

序号	使用时间	覆膜地点	覆膜作物	农用薄膜类型	使用量（kg）	覆膜面积（亩）	农用薄膜生产厂家名称	农用薄膜购买来源	使用人	备注
1										
2										
3										
…										

注：1. 农用薄膜类型包括棚膜、标准地膜、加厚高强度地膜、全生物降解地膜等。
2. 农用薄膜购买来源为销售店名及负责人。

（三）回收网点和回收再利用企业农用薄膜回收台账

回收网点和回收再利用企业农用薄膜回收台账包括回收网点（企业）名称、废旧农用薄膜类型、重量、体积、杂质类型、缴膜人姓名、缴膜人所在单位或所在村组、缴膜人联系电话、回收时间等内容。回收网点和回收再利用企业农用薄膜回收台账（参考模板）见表 3-11。

表 3-11　回收网点和回收再利用企业农用薄膜回收台账
（参考模板）

回收网点（企业）名称：

序号	废旧农用薄膜类型	重量（kg）	体积（m^3）	杂质类型	缴膜人姓名	缴膜人单位或所在村组	缴膜人联系电话	回收时间	收膜人姓名	备注
1										
2										
3										
…										

注：1. 废旧农用薄膜类型包括地膜、棚膜。
2. 杂质类型包括泥土、碎石、秸秆、杂草等。

（四）农用薄膜使用回收台账试点建设

1. 农用薄膜使用回收小程序建设试点

贵阳市以实施废旧农用薄膜回收利用示范项目为依托，开展农用薄膜使用回收小程序建设试点，组织项目实施区内种植大户、经营主体、农民专业合作社及农业生产企业等，通过农用薄膜使用回收管理小程序采集农用薄膜使用量、覆膜农作物、覆膜面积、

收集旧膜数据、领取新膜数据及相关工作实时照片，登录电脑端可查看对应区域、站点数据汇总，形成县级主要覆膜区域分布图，为农用薄膜使用回收监管提供数据支撑（图 3-1）。

图 3-1　农用薄膜使用回收小程序

2. 农用薄膜使用及回收情况问卷调查

为加强农用薄膜使用及回收数据支撑，毕节市威宁县采取调查问卷形式完善台账记录，以行政村为单位，每个村随机抽取覆膜种植农户（主体）20 户，开展农用薄膜使用及回收情况问卷调查，问卷内容包括农户基本信息、地膜使用及回收情况、棚膜使用及回收情况等。农用薄膜使用及回收情况调查问卷（参考模板）见表 3-12。

表 3–12　农用薄膜使用及回收情况调查问卷

（参考模板）

地址：________市（州）________县（市、区）__________乡（镇）__________村________组

指标名称	单位	指标值	备注
一、农户基本信息	—		
1. 种植户姓名	—		
2. 种植户类型	—	□普通农户；□种植大户（≥50 亩）； □农业生产企业；□农民专业合作社	
二、地膜使用及回收情况	—	—	
3. 播种面积	亩		
4. 覆膜面积	亩		
覆膜作物 1 名称	—		
覆膜面积	亩		
聚乙烯地膜用量	kg		
全生物降解地膜用量	kg		
覆膜作物 2 名称	—		
覆膜面积	亩		
聚乙烯地膜用量	kg		
全生物降解地膜用量	kg		
覆膜作物 3 名称	—		
覆膜面积	亩		
聚乙烯地膜用量	kg		
全生物降解地膜用量	kg		
覆膜作物 4 名称	—		
覆膜面积	亩		
聚乙烯地膜用量	kg		
全生物降解地膜用量	kg		
废旧地膜回收方式	—	□人工捡拾；□机械回收； □复合（机械+人工）回收； □其他：__________	
5. 废旧地膜资源化再利用量	kg		
6. 废旧地膜无害化处理量	kg		
三、棚膜使用及回收情况	—		
7. 覆膜面积	亩		
8. 使用量	kg		
9. 回收量	kg		

注：以个为单位的取整数，其他指标保留 2 位小数。

（五）农用薄膜使用回收台账建设推进建议

为进一步贯彻落实国家相关法律法规及政策要求，持续推进农用薄膜科学使用回收工作，更好践行“绿水青山就是金山银山”理念，助力山地农业绿色转型发展，在贵州省农用薄膜标准体系框架基础上，立足现代山地特色高效农业生产实际需求，深入推进贵州省农用薄膜使用回收台账动态调整，在实践中持续优化和细化台账内容，不断提升台账建设的规范性与指导性。逐步建立全链条、智能化的农用薄膜管理台账，及时掌握各地农用薄膜生产、销售、使用、回收等全过程数据，为准确核算农用薄膜处置率，有效精准监管执法提供有力支撑。

第四部分

标准文本

根据贵州省农用薄膜标准体系框架，围绕基础标准、原材料控制标准、产品标准、检测标准、使用过程标准、碳排放标准、绿色评价标准七个子体系，结合贵州省农用薄膜实际使用情况，选择以产品质量控制为基础、产品评价和环境属性检测为支撑、科学使用和回收为重点等 13 项标准进行全文体现，以便于标准文本的查询和使用。

一、产品质量控制标准

GB/T 4455—2019《农业用聚乙烯吹塑棚膜》
GB 13735—2017《聚乙烯吹塑农用地面覆盖薄膜》
GB/T 20202—2019《农业用乙烯-乙酸乙烯酯共聚物（EVA）吹塑棚膜》
GB/T 35795—2017《全生物降解农用地面覆盖薄膜》（修订中）

二、绿色产品评价标准

GB/T 37866—2019《绿色产品评价　塑料制品》

三、科学使用标准

NY/T 1224—2006《农用塑料薄膜安全使用控制技术规范》
DB52/T 1729—2023《全生物降解农用地面覆盖薄膜　烟草种植效果评价》
DB52/T 1676—2022《全生物降解农用地面覆盖薄膜　烟草种植使用规程》

四、科学回收标准

GH/T 1354—2021《废旧地膜回收技术规范》
NY/T 1227—2019《残地膜回收机　作业质量》

五、环境属性检测标准

GB/T 25413—2010《农田地膜残留量限值及测定》
GH/T 1378—2022《农田地膜源微塑料残留量的测定》
DB52/T 1807—2024《农田地膜残留监测技术规范》

【产品质量控制标准】

农业用聚乙烯吹塑棚膜

Polyethylene blown covering film for agriculture

标 准 号：GB/T 4455—2019　　代替 GB 4455—2006

发布日期：2019-12-10　　实施日期：2020-07-01

发布单位：国家市场监督管理总局，国家标准化管理委员会

前　言

本标准按照 GB/T 1.1—2009 给出的规则起草。

本标准代替 GB 4455—2006《农业用聚乙烯吹塑棚膜》。本标准与 GB 4455—2006 相比，主要技术变化如下：

——增加了散光型棚膜的术语和定义（见 3.4）；

——删除了不透明型棚膜的术语和定义（见 2006 年版的 3.4）；

——增加了分类中的散光型（见 4.1）；

——删除了不透明型（见 2006 年版的 4.1）；

——修改了产品推荐厚度的范围（见 5.2，2006 年版的 5.2）；

——修改了宽度极限偏差（见 6.1，2006 年版的 6.1）；

——修改了厚度极限偏差及平均偏差指标（见 6.2，2006 年版的 6.2）；

——增加了大于 200 kg 净质量偏差的要求（见 6.4，2006 年版的 6.4）；

——修改了力学性能指标（见 6.5，2006 年版的 6.5）；

——修改了透光率、雾度性能指标（见 6.7，2006 年版的 6.6）；

——修改了流滴性能指标（见 6.8，2006 年版的 6.7）；

——修改了拉伸强度及断裂标称应变测试条件（见 7.6，2006 年版的 7.6）；

——修改了检验规则（见第 8 章，2006 年版的第 8 章）。

本标准由中国轻工业联合会提出。

本标准由全国塑料制品标准化技术委员会（SAC/TC 48）归口。

本标准起草单位：华盾雪花塑料（固安）有限责任公司、安阳塑化股份有限公司、北方华锦化学工业股份有限公司、白山市喜丰塑业有限公司、长春福利塑料有限责任公司、河北科伦塑料科技股份有限公司、河南省银丰塑料有限公司、杭州新光塑料有限公司、哈尔滨塑五有限公司、焦作咏春塑胶有限公司、兰州石油化工宏达公司、青岛宏达塑胶总公司、山东清田塑工有限公司、山东天鹤塑胶股份有限公司、天津市天塑科技集团有限公司第二塑料制品厂、玉溪市旭日塑料有限责任公司、北京燕山石化高科技术有限责任公司、北京天罡助剂有限责任公司、中石化北京化工研究院、甘肃福雨塑业有限责任公司、南雄市金叶包装材料有限公司。

本标准主要起草人：刘丙伟、秦立洁、蒋瑞萍、杨渝、胡文平、尹君华、张殿祥、穆建章、赵立功、卢伟东、曾小强、赵莉、李蕾、杨彦、孙美菊、郝际臣、宋营光、王淑敏、韩维民、王明显、王智勤、汪振球。

本标准所代替标准的历次版本发布情况为：

——GB 4455—1984、GB 4455—1994、GB 4455—2006。

农业用聚乙烯吹塑棚膜

1 范围

本标准规定了农业用聚乙烯吹塑棚膜的术语和定义、分类及代号、规格及推荐厚度、要求、试验方法、检验规则、标志、包装、运输和贮存。

本标准适用于农业用塑料大、中、小棚和温室透光覆盖材料使用的聚乙烯普通棚膜、聚乙烯耐老化棚膜及内添加型聚乙烯流滴耐老化棚膜。

2 规范性引用文件

下列文件对于本文件的应用是必不可少的。凡是注日期的引用文件，仅注日期的版本适用于本文件。凡是不注日期的引用文件，其最新版本（包括所有的修改单）适用于本文件。

GB/T 1040.3—2006 塑料 拉伸性能的测定 第3部分：薄膜和薄片的试验条件

GB/T 2035—2008 塑料术语及其定义

GB/T 2410—2008 透明塑料透光率和雾度的测定

GB/T 2828.1—2012 计数抽样检验程序 第1部分：按接收质量限（AQL）检索的逐批检验抽样计划

GB/T 2918 塑料 试样状态调节和试验的标准环境

GB/T 6672—2001 塑料薄膜和薄片厚度测定 机械测量法

GB/T 6673—2001 塑料薄膜和薄片长度和宽度的测定

GB/T 16422.2—2014 塑料 实验室光源暴露试验方法 第2部分：氙弧灯

QB/T 1130—1991 塑料直角撕裂性能试验方法

3 术语和定义

GB/T 2035—2008 界定的以及下列术语和定义适用于本文件。

3.1 农业用聚乙烯吹塑棚膜 polyethylene blown covering film for agriculture

以挤出吹塑法生产的作为农业用塑料大、中、小棚和温室透光覆盖材料使用的各种聚乙烯薄膜。

3.2 透明型棚膜 transparent covering film

透射绝大部分入射光，能看清楚薄膜背面物体的棚膜。

3.3 半透明型棚膜 translucent covering film

较难或不能看清楚薄膜背面物体的棚膜。

3.4 散光型棚膜 astigmatism covering film

散射大部分入射光，透光率≥85%、雾度≥50%的棚膜。

3.5 宽度（幅宽） width

吹塑筒膜展平成单片的宽度。

3.6　**流滴性能**　antifog performance

在有内外温度差和一定湿度的封闭环境中，使膜内表面上形成的露滴具有铺展成水膜状态或沿着一定角度的膜面流动的性能。

3.7　**流滴性能失效**　antifog performance invalidation

流滴类薄膜在有内外温度差和一定湿度的封闭环境中，一段时间后，内表面出现白色露滴或不流动透明水滴的现象。

3.8　**流滴性能失效面积比**　the area ratio of antifog performance invalidation

流滴类薄膜试样测试面上的流滴性能失效面积与试样测试面积之比。

3.9　**初滴时间**　the time of first drop coming

流滴类薄膜试样在快速流滴试验仪上，从测试开始到薄膜内表面聚集成的第一个露滴滴落的时间。

3.10　**流滴性能失效时间**　the time of antifog performance invalidation

流滴类薄膜试样在快速流滴试验仪上和规定测试条件下连续观察，膜面流滴性能失效面积比达到一定值时所需的时间。

4　分类及代号

4.1　分类

按 PE 棚膜的透光性分为透明型、散光型、半透明型。

按功能性分为普通棚膜、耐老化棚膜和流滴耐老化棚膜三类。

4.2　代号

Ⅰ为透明型棚膜，Ⅱ为散光型棚膜，Ⅲ为半透明型棚膜。

A 为普通棚膜，B 为耐老化棚膜，C 为流滴耐老化棚膜。

5　规格及推荐厚度

5.1　规格

以宽度（幅宽 ω）、厚度（δ）表示，单位为毫米（mm）。

5.2　推荐厚度

推荐厚度见表 1。

表 1　推荐厚度　　单位：mm

代号	分类	推荐厚度
A	普通棚膜	0.030、0.040、0.050、0.060、0.070、0.080、0.090、0.100、0.110、0.120、0.130、0.140
B	耐老化棚膜	0.040、0.050、0.060、0.070、0.080、0.090、0.100、0.110、0.120、0.130、0.140
C	流滴耐老化棚膜	

6 要求

6.1 宽度极限偏差

宽度极限偏差应符合表 2 规定。

表 2 宽度极限偏差

宽度 ω/ mm	极限偏差/%
$\omega \leqslant 4\ 000$	+3.0 −1.5
$4\ 000 < \omega \leqslant 15\ 000$	+3.0 −1.0
$\omega > 15\ 000$	+2.8 −1.0

6.2 厚度极限偏差及厚度平均偏差

厚度极限偏差及厚度平均偏差应符合表 3 规定。

表 3 厚度极限偏差及厚度平均偏差

项目	要求			
	$0.030 \leqslant \delta \leqslant 0.040$	$0.040 < \delta < 0.060$	$0.060 \leqslant \delta \leqslant 0.080$	$0.080 < \delta \leqslant 0.140$
厚度极限偏差/%	± 35	± 30	± 28	± 25
厚度平均偏差/%	± 10			

6.3 外观

6.3.1 不应有影响使用的气泡、条纹、穿孔、破裂、暴筋和褶皱。

6.3.2 每平方米不应多于 20 个 0.6~2.0 mm 的杂质、晶点、僵块，不应有大于 2.0 mm 的杂质、晶点、僵块。

6.3.3 膜卷应插叠、卷绕整齐，无断头。

6.4 净质量偏差

净质量偏差应符合表 4 规定。

表 4 净质量偏差 单位：kg

净质量 m_0	偏差
$m_0 \leqslant 70$	±0.2
$70 < m_0 \leqslant 200$	±0.3
$m_0 > 200$	±0.5

6.5　力学性能

力学性能应符合表5规定。

表5　力学性能

项目	要求			
	A类		B、C类	
	δ≤0.080	δ>0.080	δ≤0.080	δ>0.080
拉伸强度（纵、横向）/MPa	≥18			
断裂标称应变（纵、横向）/ %	≥250	≥300	≥350	≥400
直角撕裂强度（纵 、横向）/（kN/m）	≥70			

6.6　耐候性能

耐候性能应符合表6规定。

表6　耐候性能

项目	要求
	B、C类
	0.040≤δ≤0.140
纵向断裂标称应变保留率/%	≥60

6.7　透光率及雾度性能

6.7.1　Ⅰ型B、C类棚膜应符合表7规定。

表7　Ⅰ型透光率及雾度性能

项目	要求		
	0.040≤δ≤0.080	0.080<δ≤0.120	δ>0.120
透光率/%	≥87	≥86	≥85
雾度/%	≤30	≤35	≤40

6.7.2　Ⅱ型B、C类棚膜应符合表8规定。

表8　Ⅱ型透光率及雾度性能

项目	要求
透光率/%	≥85
雾度/%	≥50

6.7.3　Ⅲ型棚膜的透光率及雾度由供需双方协定。

6.8 流滴性能

C 类棚膜应符合表 9 规定。

表 9 流滴性能

项目	要求		
	0.040≤δ<0.060	0.060≤δ≤0.080	δ>0.080
初滴时间/s	≤420		
流滴失效时间/d	≥2	≥5	≥8

7 试验方法

7.1 试样

从膜卷外端先剪去不少于 0.5 m 长，再裁取长度不少于 1 m 的薄膜试样进行试验。

7.2 试样状态调节和试验的标准环境

按 GB/T 2918 规定，在温度为 23℃±2℃条件下试样调节时间不少于 4 h。除外观和净质量偏差外的全部项目在该条件下进行试验。

7.3 宽度极限偏差

按 GB/T 6673—2001 规定进行测定，用分度值为 1 mm 的卷尺或钢直尺测量宽度，计算宽度极限偏差。

7.4 厚度极限偏差及厚度平均偏差

厚度按 GB/T 6672—2001 规定进行测定，用分度值为 0.001 mm 的测厚仪，厚度测量点数应符合表 10 要求。

表 10 测量点数

幅宽 ω/ mm	等间距测量点数/个
ω≤1 500	20
1 500<ω≤8 000	≥30
8 000<ω≤15 000	≥40
ω>15 000	≥50

厚度极限偏差按式（1）计算，厚度平均偏差按式（2）计算：

$$\Delta\delta = \frac{\delta_{\max或\min} - \delta_0}{\delta_0} \times 100\% \tag{1}$$

$$\bar{\Delta\delta} = \frac{\bar{\delta} - \delta_0}{\delta_0} \times 100\% \tag{2}$$

式中：

Δδ——厚度极限偏差；

$\delta_{max或min}$——实测最大或最小厚度，单位为毫米（mm）；

δ_0——标称厚度，单位为毫米（mm）；

$\Delta\bar{\delta}$——厚度平均偏差；

$\bar{\delta}$——平均厚度，单位为毫米（mm）。

7.5　外观

取 1 m^2试样在自然光下目测，用分度值 0.1 mm 游标卡尺及直尺测量杂质、晶点、僵块。

7.6　拉伸强度及断裂标称应变

拉伸强度按 GB/T 1040.3—2006 规定进行测定，采用 2 型试样，样条宽为 10 mm，夹具间初始距离为 50 mm，试验速度（空载）为 500 mm/min±50 mm/min。

断裂标称应变按式（3）计算：

$$\varepsilon = \frac{\Delta L}{L} \times 100\% \tag{3}$$

式中：

ε——断裂标称应变；

ΔL——夹具间距离的增量，单位为毫米（mm）；

L——夹具间的初始距离，单位为毫米（mm）。

7.7　直角撕裂强度

按 QB/T 1130—1991 规定进行试验，单片试样测试。

7.8　耐候性试验

按 GB/T 16422.2—2014 规定进行试验，辐照方式按方法 A，辐照度为窄带（340 nm）0.51 W/（m^2·nm），温度控制采用黑标温度计，暴露循环采用循环序号 1，标称使用时间大于 1 年的棚膜，暴露持续时间为1 200 h，标称使用时间大于 2 年的棚膜，暴露持续时间为2 200 h 。

断裂标称应变保留率按式（4）计算：

$$R = \frac{\bar{\varepsilon}_t}{\bar{\varepsilon}_0} \times 100\% \tag{4}$$

式中：

R——断裂标称应变保留率；

$\bar{\varepsilon}_t$——暴露 t 小时后的平均断裂标称应变；

$\bar{\varepsilon}_0$——初始平均断裂标称应变。

7.9　透光率和雾度

按 GB/T 2410—2008 规定进行测定。流滴类薄膜试样应用干脱脂棉擦去薄膜上的析出物后立即测试。

7.10　初滴时间及流滴失效时间

按附录 A 规定进行试验。

8 检验规则

8.1 组批

同一配方、同一规格、同一工艺条件下，同一机台上连续生产的产品数量不大于 50 t 为一检验批。

8.2 抽样方案

8.2.1 宽度极限偏差、厚度极限偏差、外观

按 GB/T 2828.1—2012 规定的正常检验一次抽样方案进行，采用一般检验水平I，接收质量限（AQL）6.5，见表 11。每一独立包装件为一个样本单位。

表 11 抽样方案 单位：件

批量	样本量	接收数 Ac	拒收数 Re
2~8	2	0	1
9~15	2	0	1
16~25	2	0	1
26~50	8	1	2
51~90	8	1	2
91~150	8	1	2
151~280	13	2	3
281~500	20	3	4
501~1 200	32	5	6
1 201~3 200	50	7	8

8.2.2 厚度平均偏差、力学性能、透光率及雾度

从 8.2.1 检验合格的每批样本中随机抽取任一样本进行试验。

8.3 出厂检验

出厂检验项目为 6.1~6.5 及 6.7。

8.4 型式检验

型式检验项目为第 6 章中的全部项目。

耐候性能每 5 年进行一次。

有下列情况之一时，应进行型式检验：

a）产品的原料、结构、生产工艺有重大改变时；

b）产品停产 10 个月以上再恢复生产时；

c）出厂检验结果与前次型式检验结果有较大差异时。

8.5 判定规则

宽度极限偏差、厚度极限偏差、外观按表 11 规定进行判定。

厚度平均偏差、力学性能及流滴性能如有不合格项，应在原批中取双倍样本对不合格

项复测，复测结果仍有不合格项则判该批为不合格。

9　标志、包装、运输和贮存

9.1　标志

每个最小包装附产品合格证。合格证上应注明：产品名称、类别及代号、产品规格、制造日期或生产批号、企业名称、地址、贮存期、净质量、本标准编号、检验员章等。

每个销售单位的外包装应注明：企业名称、地址、产品名称、产品规格、净质量等。

9.2　包装

包装材料可采用塑料薄膜、编织袋或纸箱，如有特殊要求，由供需双方商定。

9.3　运输

运输时应防止机械碰撞和日晒雨淋。

9.4　贮存

产品应贮存于干燥、阴凉、清洁的仓库内，堆放整齐，不得使薄膜挤压变形或损伤。距热源不小于 1 m。贮存期从生产之日起不超过 18 个月。贮存期超过 18 个月后经出厂检验全部合格后可继续使用。

附 录 A
(规范性附录)
流滴性能测试方法

A.1 试验器具

A.1.1 流滴试验仪

流滴试验仪示意图见图 A.1；压锤见图 A.2；流滴试验见图 A.3。

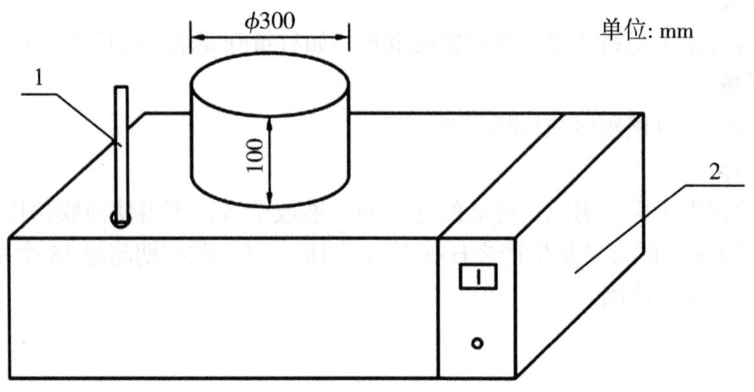

图 A.1 流滴试验仪示意图

说明：

1——温度计；

2——温度控制器。

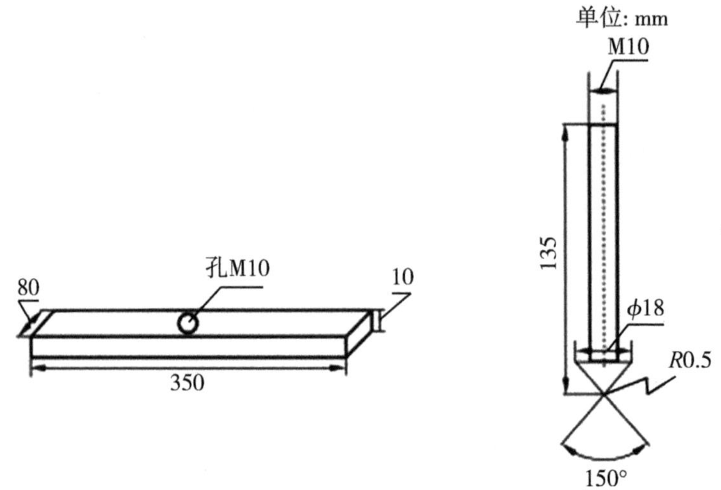

图 A.2 压锤示意图

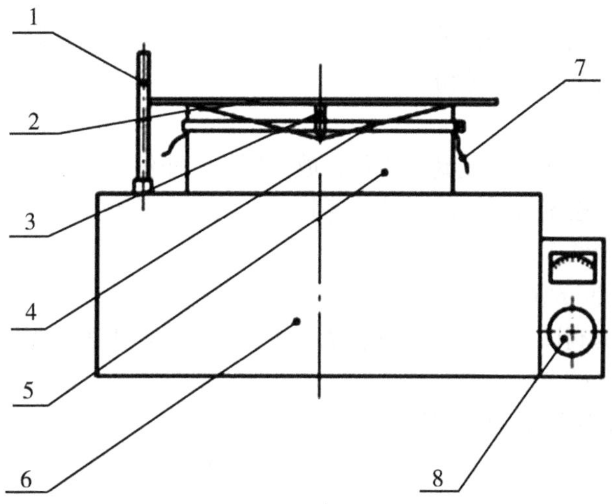

图 A.3　流滴试验示意图

说明：

1——温度计；

2——压锤板；

3——压锤；

4——喉箍；

5——圆形试样罩；

6——恒温水浴锅；

7——被测薄膜；

8——恒温水浴锅温度控制器。

A.1.2　秒表

分度值为 0.1 s。

A.1.3　直尺

分度值为 1 mm。

A.1.4　温度计

量程 0~100℃，分度值 1℃。

A.2　取样

在平整、清洁无皱折的待测薄膜上裁取 450 mm×450 mm 的试样 2 块，用于平行试验。

A.3　测试步骤

A.3.1　试样状态调节和试验标准环境

试样在 GB/T 2918 规定的温度 23℃±2℃标准环境中放置不少于 4 h 后测试。测试环境温度 23℃±2℃。

A.3.2　调试流滴试验仪

向流滴试验仪的水槽中注入不少于水槽深度三分之二的水，并使之恒温于60℃±1℃放置 30 min。

A.3.3　试验面积的划分

在薄膜试样非测试面上按圆形试样罩的尺寸画出一个圆形，并以圆心为中点用半径将圆形平分成8等份或8的倍数等份。

A.3.4　试样的安装

将薄膜试样的测试面朝向流滴试验仪，放上压板，压锤尖对准试验画出的圆心并拧紧喉箍，使试样绷平且松紧合适。此时试验薄膜以下与水平面呈15°的倾角扣在快速流滴试验仪上，与流滴试验仪形成封闭环境。

A.3.5　初滴时间的测定

将试验膜盖在流滴试验仪上，同时启动秒表，观察试样内表面露滴凝聚的情况，并记录初滴时间，以秒（s）表示。

A.3.6　流滴性能失效时间的测定

A.3.6.1　在测试条件下持续扣膜，垂直于水平面观察薄膜，记录在不同时间流滴性能失效的情况。

A.3.6.2　每天观察不少于1次，用直尺测量并记录试验流滴性能失效部位在各部位、在各划分区沿半径方向的长度R_i。

A.3.6.3　计算并记录试样薄膜在各时间的流滴失效面积比$X_{失}$。

A.3.6.4　当试样流滴性能失效面积比达到：白色露滴≥30%，有滴面积≥50%，有两种情况之一时试验结束。此时的时间为流滴性能失效时间，以天（d）为单位。

A.4　流滴性能失效面积比（$X_{失}$）的计算

A.4.1　聚集露滴从试样被测膜面积中心位置向边缘延展时，按式（A.1）计算流滴性能失效面积比：

$$X_{失} = (\sum_{i=1}^{n} R_i^2 / n R^2) \times 100\% \tag{A.1}$$

式中：

$X_{失}$——流滴性能失效面积比；

R_i——试样在流滴试验仪上从中心位置沿15°倾斜面所量出的流滴性能失效半径，单位为毫米（mm）；

R——试样在流滴试验仪上从中心位置沿15°倾斜面到水浴锅边沿的半径，取值为155 mm；

n——试样在流滴试验仪上被测部分所划分的等份数，不得少于8。当聚集露滴在测试面上无规律分布时，应加大n，使之为8等份的倍数。

A.4.2　聚集露滴从试样被测膜面积边缘位置向中心延展时，按式（A.2）计算流滴性能失效面积比：

$$X_{失} = (\sum_{i=1}^{n} R_i^2 - \sum_{i=1}^{n} r_i^2) / n R^2 \times 100\% \tag{A.2}$$

式中：

$X_{失}$——流滴性能失效面积比；

R_i——试样在流滴试验仪上从中心位置沿15°倾斜面所量出的流滴性能失效外环半径，

单位为毫米（mm）；

r_i——流滴性能失效内环半径，单位为毫米（mm）；

R——试样在流滴试验仪上从中心位置沿 15°倾斜面到水浴锅边沿的半径，取值为 155 mm；

n——试样在流滴试验仪上所划分的等份数，不得少于 8。当聚集露滴在测试面上无规律分布时，应加大 n，使之为 8 等份的倍数。

A.5　试验结果

初滴时间取两平行测试数据中的高值作为测试结果；流滴性能失效时间取两平行测试数据中的低值作为测试结果。

A.6　试验报告

报告应包括下列内容：

a）送样单位、送样日期、试样名称、规格、试验温度、环境温度；

b）初滴时间；

c）失效时间、失效面积数值及失效时薄膜表面露滴状态描述；

d）试验人员、试验日期。

聚乙烯吹塑农用地面覆盖薄膜

Polyethylene blown mulch film for agricultural uses

标 准 号：GB 13735—2017　　代替 GB 13735—1992

发布日期：2017-10-14　　实施日期：2018-05-01

发布单位：中华人民共和国国家质量监督检验检疫总局，中国国家标准化管理委员会

前　言

本标准第5章的5.1和5.5为强制性的，其余为推荐性的。

本标准按照GB/T 1.1—2009给出的规则起草。

本标准代替GB 13735—1992《聚乙烯吹塑农用地面覆盖薄膜》，与GB 13735—1992相比，除编辑性修改外，主要变化如下：

——修改了适用范围（见第1章）；

——修改了分类（见第3章，1992年版的第3章）；

——增加了厚度和覆盖使用时间（见第4章）；

——删除了等级（见1992年版的表2、表3、表5、表6、表7）；

——增加了标称厚度的要求（见5.1.1）；

——修改了厚度偏差（见5.1，1992年版的4.2.1）；

——修改了宽度偏差（见5.2，1992年版的4.2.2）；

——修改了每卷净质量偏差（见5.3，1992年版的4.2.3）；

——修改了外观（见5.4，1992年版的4.3）；

——修改了力学性能指标（见5.5，1992年版的4.4）；

——修改了耐候性能（见5.6，1992年版的4.4）；

——修改了拉伸负荷和断裂标称应变的试验方法（见6.7，1992年版的5.6）；

——修改了耐候性能的试验方法（见6.9，1992年版的5.8）；

——修改了检验规则（见第7章，1992年版的第6章）；

——修改了标志、包装、运输和贮存（见第8章，1992年版的第7章）。

本标准由工业和信息化部提出并归口。

本标准起草单位：大连塑料研究所有限公司、白山市喜丰塑业有限公司、中国农业科学院农业环境与可持续发展研究所、中国农业科学院烟草研究所、安徽华驰塑业有限公司、甘肃福雨塑业有限责任公司、甘肃济洋塑料有限公司、甘肃天宝塑业有限责任公司、浙江省杭州新光塑料有限公司、北京华盾雪花塑料集团有限责任公司、山东清田塑工有限公司、玉溪市旭日塑料有限责任公司、南雄市金叶包装材料有限公司、四川省犍为罗城忠烈塑料有限责任公司、天津市天塑科技集团有限公司第二塑料制品厂、河南省银丰塑料有限公司、山东天壮环保科技有限公司、新疆天业股份有限公司、北京天罡助剂有限责任公司、北京市塑料制品质量监督检验站、轻工业塑料加工应用研究所。

本标准主要起草人：李炳君、彭永杰、卢伟东、秦立洁、王智勤、汪纯球、姜世华、陈二虎、靳树伟、汪振球、杨渝、尹君华、陈鹏元、孙美菊、周经纶、李忠烈、赵莉、朱昊兰、李田华、何文清、刘新民。

本标准所代替标准的历次版本发布情况为：

——GB 13735—1992。

聚乙烯吹塑农用地面覆盖薄膜

1 范围

本标准规定了聚乙烯吹塑农用地面覆盖薄膜（以下简称地膜）的分类、标称厚度和覆盖使用时间、要求、试验方法、检验规则、标志、包装、运输和贮存。

本标准适用于以聚乙烯为主要原料，可加入必要助剂用吹塑法生产的用于地面覆盖的薄膜。

本标准不适用于可降解性地膜。

2 规范性引用文件

下列文件对于本文件的应用是必不可少的。凡是注日期的引用文件，仅注日期的版本适用于本文件。凡是不注日期的引用文件，其最新版本（包括所有的修改单）适用于本文件。

GB/T 1040.1—2006　塑料　拉伸性能的测定　第 1 部分：总则

GB/T 1040.3—2006　塑料　拉伸性能的测定　第 3 部分：薄膜和薄片的试验条件

GB/T 2828.1—2012　计数抽样检验程序　第 1 部分：按接收质量限（AQL）检索的逐批检验抽样计划

GB/T 2918—1998　塑料试样状态调节和试验的标准环境

GB/T 6672—2001　塑料薄膜和薄片厚度测定　机械测量法

GB/T 6673—2001　塑料薄膜和薄片长度和宽度的测定

GB/T 16422.1—2006　塑料　实验室光源暴露试验方法　第 1 部分：总则

GB/T 16422.2—2014　塑料　实验室光源暴露试验方法　第 2 部分：氙弧灯

QB/T 1130—1991　塑料直角撕裂性能试验方法

3 分类

地膜按覆盖使用时间分为两类：Ⅰ类为耐老化地膜；Ⅱ类为普通地膜。

4 标称厚度和覆盖使用时间

地膜的标称厚度和覆盖使用时间见表 1。

表 1　标称厚度和覆盖使用时间

类别	标称厚度/mm	覆盖使用时间/d
Ⅰ	0.010、0.012、0.014、0.015、0.016、0.018、0.020、0.025	≥180
Ⅱ	0.010、0.012、0.014、0.015、0.016、0.018、0.020、0.025、0.030	≥60

5　要求

5.1　厚度和厚度偏差

5.1.1　厚度

地膜的最小标称厚度不得小于 0.010 mm。

5.1.2　厚度偏差

厚度极限偏差和平均厚度偏差应符合表 2 要求。

表 2　厚度极限偏差和平均厚度偏差

<table>
<tr><th>标称厚度 d_0/mm</th><th>极限偏差/mm</th><th>平均厚度偏差/%</th></tr>
<tr><td>0.010≤d_0<0.015</td><td>+0.003
−0.002</td><td rowspan="4">+15
−12</td></tr>
<tr><td>0.015≤d_0<0.020</td><td>+0.004
−0.003</td></tr>
<tr><td>0.020≤d_0<0.025</td><td>+0.005
−0.004</td></tr>
<tr><td>0.025≤d_0≤0.030</td><td>+0.006
−0.005</td></tr>
</table>

5.2　宽度极限偏差

宽度极限偏差应符合表 3 要求。

表 3　宽度极限偏差　　　　单位：mm

标称宽度 ω	极限偏差
ω≤800	+30 −10
800<ω≤1 500	+40 −10
1 500<ω≤3 000	+50 −10
3 000<ω≤5 000	+80 −20
ω>5 000	+100 −20

5.3　净质量极限偏差

每卷净质量极限偏差应符合表 4 要求。

表 4　净质量极限偏差

单位：kg

每卷标称净质量 m_0	极限偏差
$m_0 \leqslant 10$	+0. 25 −0. 10
$10 < m_0 \leqslant 15$	+0. 30 −0. 10
$m_0 > 15$	+0. 30 −0. 15

5.4　外观

地膜不应有影响使用的气泡、杂质、条纹、穿孔、褶皱等缺陷。

膜卷应卷绕整齐，不应有明显的暴筋。

错位宽度、每卷段数和每段长度应符合表 5 要求。

表 5　膜卷要求

项目	要求
错位宽度[a]/mm	≤30
每卷段数/段	≤2
每段长度/m	≥100

[a]错位宽度：单层卷绕为膜卷宽度与膜的公称宽度之差；双层卷绕为膜卷宽度与膜的折径宽度之差。

5.5　力学性能

力学性能指标应符合表 6 要求。

表 6　力学性能指标

项目	要求		
	0. 010 mm≤d_0<0. 015 mm	0. 015 mm≤d_0<0. 020 mm	0. 020 mm≤d_0<0. 030 mm
拉伸负荷（纵、横向）/N	≥1. 6	≥2. 2	≥3. 0
断裂标称应变（纵、横向）/%	≥260	≥300	≥320
直角撕裂负荷（纵、横向）/N	≥0. 8	≥1. 2	≥1. 5

5.6　耐候性能

Ⅰ类地膜老化后纵向断裂标称应变保留率应不小于 50%。

6 试验方法

6.1 试样

从完好的膜卷外端先剪去不少于 2 m，再裁取长度不少于 1 m 的地膜试样进行试验。

6.2 试验状态调节和试验的标准环境

试样的状态调节应按 GB/T 2918—1998 规定进行，温度为 23℃±2℃，调节时间不少于 4 h，6.3、6.4、6.7、6.8、6.9 的试验应在此条件下进行。

6.3 厚度和厚度偏差

厚度按 GB/T 6672—2001 的规定进行测量，按式（1）计算厚度极限偏差，按式（2）计算平均厚度偏差。

$$\Delta d = d_{\text{max或min}} - d_0 \tag{1}$$

式中：

Δd——厚度极限偏差，单位为毫米（mm）；

$d_{\text{max或min}}$——实测最大或最小厚度，单位为毫米（mm）；

d_0——标称厚度，单位为毫米（mm）。

$$d = \frac{d_n - d_0}{d_0} \times 100 \tag{2}$$

式中：

d——平均厚度偏差，单位为百分率（%）；

d_n——平均厚度，单位为毫米（mm）；

d_0——标称厚度，单位为毫米（mm）。

6.4 宽度极限偏差

按 GB/T 6673—2001 的规定进行，用精度为 1 mm 的卷尺或钢直尺进行测量，按式（3）计算宽度极限偏差。

$$\Delta\omega = \omega_{\text{max或min}} - \omega \tag{3}$$

式中：

$\Delta\omega$——宽度极限偏差，单位为毫米（mm）；

$\omega_{\text{max或min}}$——实测最大或最小宽度，单位为毫米（mm）；

ω——标称宽度，单位为毫米（mm）。

6.5 净质量偏差

用感量 50 g 的量具称量，按式（4）计算每卷净质量偏差。

$$\Delta m = m - m_0 \tag{4}$$

式中：

Δm——每卷净质量偏差，单位为千克（kg）；

m——实测每卷净质量，单位为千克（kg）；

m_0——每卷标称净质量，单位为千克（kg）。

6.6 外观

地膜取 1 m^2试样在自然光下目测。

膜卷现场观察与测量。

6.7 拉伸负荷和断裂标称应变

按 GB/T 1040.1—2006 和 GB/T 1040.3—2006 规定进行试验，采用 2 型试样，试样宽度为 10 mm，夹具间初始距离 50 mm，试验速度（500±50）mm/min，拉伸至试样断裂，测出最大拉伸负荷，精确到 0.01 N。

断裂标称应变按式（5）计算：

$$\varepsilon = \frac{\Delta L}{L} \times 100 \qquad (5)$$

式中：

ε——断裂标称应变，单位为百分率（%）；

ΔL——夹具间距离的增量，单位为毫米（mm）；

L——夹具间的初始距离，单位为毫米（mm）。

6.8 直角撕裂负荷

按 QB/T 1130—1991 规定进行试验，单片试样测试，精确到 0.1 N。

6.9 耐候性能

6.9.1 试验设备和试样制备应符合 GB/T 16422.1—2006 的规定，暴露的样片数量和尺寸视老化设备的夹具尺寸而定，暴露后的试验用样条数量不应少于 10 个。样片沿地膜纵向在有效的暴露部位按图 1 所示裁成 10 mm 宽的条，暴露试验完成后取下样片，剪下单个样条进行测试。试样的纵向初始断裂标称应变和暴露 t 小时后的纵向断裂标称应变按 6.7 规定测试，取算术平均值。

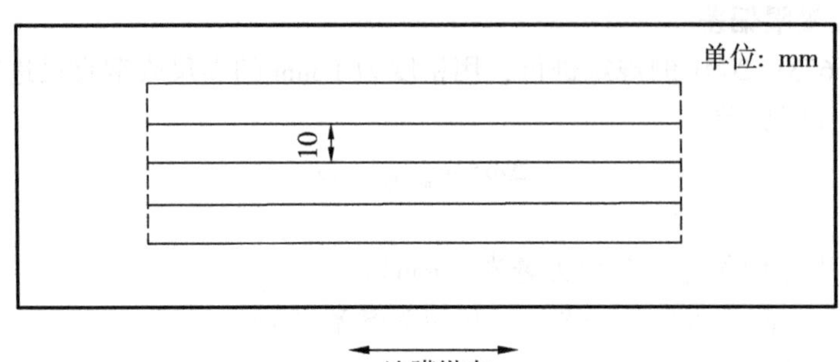

图 1 暴露样片示意

6.9.2 试验方法应符合 GB/T 16422.2—2014 的规定，辐照方式采用方法 A，辐照度为窄带（340 nm）0.51 W/（m^2·nm），温度控制采用黑标温度计，暴露循环采用循环序号 1，Ⅰ类地膜试验持续时间 600 h。

断裂标称应变保留率按式（6）计算：

$$R = \frac{\bar{\varepsilon}_t}{\bar{\varepsilon}_0} \times 100 \qquad (6)$$

式中：

R——断裂标称应变保留率，单位为百分率（%）；

$\bar{\varepsilon}_t$——暴露 t 小时后的平均断裂标称应变，单位为百分率（%）；

$\bar{\varepsilon}_0$——初始平均断裂标称应变，单位为百分率（%）。

7　检验规则

7.1　组批

以批为单位进行验收，同一配方、同一工艺条件、同一规格连续生产的产品 50 t 为一批，如果连续生产一周，产量不足 50 t，以一周产量为一批。

7.2　抽样

7.2.1　厚度、厚度极限偏差、宽度极限偏差、每卷净质量极限偏差、外观按 GB/T 2828.1—2012 规定的正常检验一次抽样方案，采用一般检查水平 Ⅰ，接收质量限（AQL）6.5，见表 7。每卷地膜为一个样本单位。

表 7　抽样方案　　单位：卷

批量	样本量	接受数 Ac	拒收数 Re
2~25	2	0	1
26~150	8	1	2
151~280	13	2	3
281~500	20	3	4
501~1 200	32	5	6
1201~3 200	50	7	8
3201~10 000	80	10	11
10 001~35 000	125	14	15

7.2.2　平均厚度偏差、力学性能

从 7.2.1 检验合格的每批样本中随机抽取任一个样本进行试验。

7.3　出厂检验

出厂检验项目为 5.1、5.2、5.3、5.4、5.5。

7.4　型式检验

型式检验项目为第 5 章的全部项目，人工气候老化性能每五年进行一次检验。

下列情况之一时，应进行型式检验：

a）新产品或老产品转厂生产的试制定型鉴定；

b）正式生产后，如结构、原料、工艺有较大改变，考核对产品性能影响时；

c）正常生产过程中，定期或积累一定产量后，周期性地进行一次检验，考核产品质量稳定性时；

d）产品长期停产后，恢复生产时；

e）出厂检验结果与前次型式检验结果有较大差异时；

f）国家质量监督机构提出进行型式检验的要求时。

7.5 判定规则

厚度极限偏差、宽度极限偏差、净质量偏差、外观应按表 7 规定进行判定。

厚度平均偏差和力学性能检验结果中如有不合格项，则应从该批中抽取双倍样，对不合格项进行复验，仍有不合格项，则该批产品为不合格。

8 标志、包装、运输和贮存

8.1 标志

8.1.1 每卷地膜均应附有产品合格证，内容包括：产品名称、类别、标称厚度、宽度、参考长度、净质量、生产日期、生产厂名称、生产厂地址、执行标准、检验员印章。

8.1.2 产品合格证上应在明显的位置标有“使用后请回收利用，减少环境污染”的字样。

8.2 包装

膜卷用薄膜、牛皮纸或编织袋包装。如有特殊要求，由供需双方商定。

8.3 运输

运输时应防止机械碰撞和日晒雨淋。

8.4 贮存

产品应存放在清洁、阴凉的库房内，堆放整齐，离热源不少于 2 m，严禁暴晒，产品贮存期自生产日期起不宜超过 18 个月，超过贮存期，经检验合格方可销售。

农业用乙烯-乙酸乙烯酯共聚物（EVA）吹塑棚膜

Ethylene-vinyl acetate copolymer（EVA）blown covering film for agriculture

标 准 号：GB/T 20202—2019　　代替 GB/T 20202—2006
发布日期：2019-08-30　　实施日期：2020-03-01
发布单位：国家市场监督管理总局，中国国家标准化管理委员会

前 言

本标准按照 GB/T 1.1—2009 给出的规则起草。

本标准代替 GB/T 20202—2006《农业用乙烯—乙酸乙烯酯共聚物（EVA）吹塑棚膜》。本标准与 GB/T 20202—2006 相比，主要技术变化如下：

——增加了散光型棚膜术语和定义（见 3.3）；

——删除了半透明型棚膜和不透明型棚膜（见 2016 年版的 3.3、3.4）；

——增加了分类中的散光型棚膜（见 4.1）；

——增加了产品推荐厚度的范围（见 5.2）；

——修改了宽度极限偏差（见 6.1，2006 年版的 5.1）；

——修改了厚度极限偏差及平均偏差指标（见 6.2，2006 年版的 5.2）；

——修改了力学性能指标（见 6.5，2006 年版的 5.5）；

——修改了透光率、雾度性能指标（见 6.7，2006 年版的 5.5）；

——修改了拉伸强度及断裂标称应变测试方法（见 7.6，2006 年版的 6.6）；

——修改了检验规则（见第 8 章，2006 年版的第 7 章）。

本标准由中国轻工业联合会提出。

本标准由全国塑料制品标准化技术委员会（SAC/TC48）归口。

本标准起草单位：华盾雪花塑料（固安）有限责任公司、安阳塑化股份有限公司、北方华锦化学工业股份有限公司、白山市喜丰塑业有限公司、长春福利塑料有限责任公司、河北科伦塑料科技股份有限公司、河南省银丰塑料有限公司、杭州新光塑料有限公司、哈尔滨塑五有限公司、焦作咏春塑胶有限公司、兰州石油化工宏达公司、青岛宏达塑胶总公司、山东清田塑工有限公司、山东天鹤塑胶股份有限公司、天津市天塑科技集团有限公司第二塑料制品厂、玉溪市旭日塑料有限责任公司、北京燕山石化高科技有限责任公司、北京天罡助剂有限责任公司、中石化北京化工研究院、甘肃福雨塑业有限责任公司。

本标准主要起草人：刘丙伟、秦立洁、蒋瑞萍、杨渝、胡文平、尹君华、张殿祥、穆建章、赵立功、卢伟东、曾小强、赵莉、李蕾、杨彦、孙美菊、郝际臣、宋营光、王淑敏、韩维民、王明显、王智勤。

本标准所代替标准的历次版本发布情况为：

——GB/T 20202—2006。

农业用乙烯-乙酸乙烯酯共聚物（EVA）吹塑棚膜

1　范围

本标准规定了农业用乙烯-乙酸乙烯酯共聚物（EVA）吹塑棚膜（以下简称 EVA 棚膜）的术语和定义、分类及代号、规格及推荐厚度、要求、试验方法、检验规则、标志、包装、运输及贮存。

本标准适用于农业用塑料大、中、小棚和温室透光覆盖材料使用的内添加型乙烯-乙酸乙烯酯共聚物的棚膜。

本标准不适用于 T 型机头生产的乙烯-乙酸乙烯酯共聚物的棚膜。

2　规范性引用文件

下列文件对于本文件的应用是必不可少的。凡是注日期的引用文件，仅注日期的版本适用于本文件。凡是不注日期的引用文件，其最新版本（包括所有的修改单）适用于本文件。

GB/T 1040.3—2006　塑料　拉伸性能的测定　第 3 部分：薄膜和薄片的试验条件

GB/T 2035—2008　塑料术语及其定义

GB/T 2410—2008　透明塑料透光率及雾度的测定

GB/T 2828.1—2012　计数抽样检验程序　第 1 部分：按接收质量限（AQL）检索的逐批检验抽样计划

GB/T 2918　塑料　试样状态调节和试验的标准环境

GB/T 6040—2002　红外光谱分析方法通则

GB/T 6672—2001　塑料薄膜和薄片厚度测定　机械测量法

GB/T 6673—2001　塑料薄膜和薄片长度和宽度的测定

GB/T 16422.2—2014　塑料　实验室光源暴露试验方法　第 2 部分：氙弧灯

GB/T 30925—2014　塑料　乙烯-乙酸乙烯酯共聚物（EVAC）热塑性塑料　乙酸乙烯酯含量的测定

QB/T 1130—1991　塑料直角撕裂性能试验方法

3　术语和定义

GB/T 2035—2008 界定的以及下列术语和定义适用于本文件。

3.1　农业用乙烯-乙酸乙烯酯共聚物棚膜　ethylene-vinyl acetate copolymer blown covering film for agriculture

以乙烯-乙酸乙烯酯共聚树脂（EVA）或其与低密度聚乙烯（PE-LD）、线型低密度聚乙烯（PE-LLD）、茂金属线型低密度聚乙烯（PE-MLLD）共同为基础原料，添加一定比例的耐候剂、流滴剂等通过挤出吹塑法生产，乙酸乙烯酯基（VA）平均含量不少于

4.0%，作为农业用塑料大、中、小棚的透光覆盖材料。

3.2 透明型棚膜 transparent covering film

透射绝大部分入射光，能看清楚薄膜背面物体的棚膜。

3.3 散光型棚膜 astigmatism covering film

散射大部分入射光，透光率≥85%、雾度≥50%的棚膜。

3.4 宽度 width

幅宽

吹塑筒膜展平成单片的宽度。

3.5 流滴性能 anti-fog performance

在有内外温度差和一定湿度的封闭环境中，使膜内表面上形成的露滴具有铺展成水膜状态或沿着一定角度的膜面流动的性能。

3.6 流滴性能失效 anti-fog performance invalidation

流滴类薄膜在有内外温度差和一定湿度的封闭环境中一段时间后，内表面出现白色露滴或不流动透明水滴的现象。

3.7 流滴性能失效面积比 area ratio of anti-fog performance invalidation

流滴类薄膜试样测试面上的流滴性能失效面积与试样测试面积之比。

3.8 初滴时间 time of first drop coming

流滴类薄膜试样在快速流滴试验仪上，从测试开始到膜内表面聚集成的第一个露滴滴落的时间。

3.9 流滴性能失效时间 time of anti-fog performance invalidation

流滴类薄膜试样在快速流滴试验仪上和规定测试条件下连续观察，膜面流滴性能失效面积比达到一定值时所需的时间。

4 分类和代号

4.1 分类

按透明性分为透明型棚膜、散光型棚膜。

4.2 代号

Ⅰ为透明型棚膜，Ⅱ为散光型棚膜。

5 规格及推荐厚度

5.1 规格

以宽度（幅宽 ω）、厚度（δ）表示，单位为毫米（mm）。

5.2 推荐厚度

EVA 棚膜推荐厚度见表 1。

表 1　推荐厚度　　单位：mm

推荐厚度
0.060、0.070、0.080、0.090、0.100、0.110、0.120、0.130、0.140

6　要求

6.1　宽度极限偏差

宽度极限偏差应符合表 2 规定。

表 2　宽度极限偏差

宽度 ω/mm	宽度偏差/%
ω≤4 000	+3.0 −1.5
4 000<ω≤15 000	+3.0 −1.0
ω>15 000	+2.8 −1.0

6.2　厚度极限偏差及厚度平均偏差

厚度极限偏差及厚度平均偏差应符合表 3 规定。

表 3　厚度极限偏差及厚度平均偏差　　单位：%

项目	要求	
	δ≤0.080	δ>0.080
厚度极限偏差	± 28	± 25
厚度平均偏差	± 10	

6.3　外观

6.3.1　不应有影响使用的气泡、条纹、穿孔、破裂、暴筋和褶皱。

6.3.2　每平方米不应多于 20 个 0.6～2.0 mm 的杂质、晶点、僵块，不应有大于 2.0 mm 的杂质、晶点、僵块。

6.3.3　膜卷应插叠、卷绕整齐，无断头。

6.4　净质量偏差

净质量偏差应符合表 4 规定。

表 4　净质量偏差

单位：kg

净质量 m_0	偏差
$m_0 \leqslant 70$	±0.2
$70 < m_0 \leqslant 200$	±0.3
$m_0 > 200$	±0.5

6.5　物理力学性能

物理力学性能应符合表 5 规定。

表 5　物理力学性能

项目	要求	
	0.060≤δ≤0.080	δ>0.080
拉伸强度（纵、横向）/MPa	≥18	
断裂标称应变（纵、横向）/%	≥350	≥400
直角撕裂强度（纵、横向）/（kN/m）	≥60	
乙酸乙烯酯基（VA）含量/%	≥4.0	
红外线透过率/%	≤50.0	≤45.0

6.6　耐候性能

耐候性能应符合表 6 规定。

表 6　耐候性能

项目	要求 0.060 mm≤δ≤0.140 mm
纵向断裂标称应变保留率/%	≥60

6.7　透光率及雾度性能

6.7.1　Ⅰ型棚膜应符合表 7 规定。

表 7　Ⅰ型透光率及雾度性能

项目	要求	
	δ≤0.080	δ>0.080
透光率/%	≥87	
雾度/%	≤25	≤30

6.7.2　Ⅱ型棚膜应符合表 8 规定。

表 8　Ⅱ型透光率及雾度性能　　单位:%

项目	要求
透光率	⩾85
雾度	⩾50

6.8　流滴性能

流滴性能应符合表 9 规定。

表 9　流滴性能

项目	要求	
	0.060 mm⩽δ⩽0.080 mm	δ>0.080 mm
初滴时间/s	⩽420	
流滴失效时间/d	⩾6.0	⩾8.0

7　试验方法

7.1　试样

从膜卷外端先剪去不少于 0.5 m 长，再裁取长度不少于 1 m 的薄膜试样进行试验。

7.2　试样状态调节和试验的标准环境

按 GB/T 2918 规定进行测定，在温度为 23℃±2℃条件下试样调节时间不少于 4 h，外观和净质量偏差除外的项目在此条件下进行试验。

7.3　宽度极限偏差

按 GB/T 6673—2001 规定进行测定，用分度值为 1 mm 的卷尺或钢直尺测量宽度，计算宽度极限偏差。

7.4　厚度极限偏差

厚度按 GB/T 6672—2001 规定进行测定，用分度值为 0.001 mm 的测厚仪测量，厚度测量点数应符合表 10 要求。

表 10　测量点数

幅宽 ω/ mm	等间距测量点数/个
ω⩽1 500	20
1 500<ω⩽8 000	⩾30
8 000<ω⩽15 000	⩾40
ω>15 000	⩾50

厚度极限偏差按式（1）计算，厚度平均偏差按式（2）计算：

$$\Delta\delta = \frac{\delta_{max或min} - \delta_0}{\delta_0} \times 100\% \tag{1}$$

$$\Delta\bar{\delta} = \frac{\bar{\delta} - \delta_0}{\delta_0} \times 100\% \tag{2}$$

式中：

$\Delta\delta$——厚度极限偏差；

$\delta_{max或min}$——实测最大或最小厚度，单位为毫米（mm）；

δ_0——标称厚度，单位为毫米（mm）；

$\Delta\bar{\delta}$——厚度平均偏差；

$\bar{\delta}$——平均厚度，单位为毫米（mm）。

7.5　外观

取 1 m^2试样在自然光下目测，用分度值为 0.1 mm 游标卡尺及直尺测量杂质、晶点、僵块。

7.6　拉伸强度及断裂标称应变

拉伸强度按 GB/T 1040.3—2006 规定进行，采用 2 型试样，试样宽 10 mm，夹具间初始距离 50 mm，试验速度（空载）为 500 mm/min±50 mm/min。

断裂标称应变按式（3）计算：

$$\varepsilon = \frac{\Delta L}{L} \times 100\% \tag{3}$$

式中：

ε——断裂标称应变；

ΔL——夹具间距离的增量，单位为毫米（mm）；

L——夹具间的初始距离，单位为毫米（mm）。

7.7　直角撕裂强度

按 QB/T 1130—1991 规定进行试验，单片试样测试。

7.8　乙酸乙烯酯基（VA）含量

按 GB/T 30925—2014 规定进行试验。

7.9　红外线透过率

按 GB/T 6040—2002 规定进行试验，使用傅里叶变换红外光谱仪时不用衰减全反射（ATR）等附件。试样应用干脱脂棉擦拭表面后立即测试。采集试样在 7~13 μm 波长范围的谱图，计算透过率。以 5 片试样的算术平均值为测定结果，保留两位有效数字。

7.10　耐候性能

按 GB/T 16422.2—2014 规定进行试验，辐照方式按方法 A，辐照度为窄带（340 nm）0.51 W/（m^2·nm），温度控制采用黑标温度计，暴露循环采用循环序号 1，标称使用时间大于 1 年的棚膜，暴露持续时间为1 200 h，标称使用时间大于 2 年的棚膜，暴露持续时间为 2 200 h。

断裂标称应变保留率按式（4）计算：

$$R = \frac{\bar{\varepsilon}_t}{\bar{\varepsilon}_0} \times 100\% \tag{4}$$

式中：

R——断裂标称应变保留率；

$\bar{\varepsilon}_t$——暴露 t 小时后的平均断裂标称应变；

$\bar{\varepsilon}_0$——初始平均断裂标称应变。

7.11 透光率和雾度

按 GB/T 2410—2008 规定进行试验，试样应用干脱脂棉擦去薄膜上的析出物后立即测试。

7.12 初滴时间及流滴失效时间

按附录 A 规定进行试验。

8 检验规则

8.1 组批

同一配方、同一规格、同一工艺条件下，同一机台上连续生产数量 50 t 以下的产品为一检验批。

8.2 抽样方案

8.2.1 宽度极限偏差、厚度极限偏差、外观

按 GB/T 2828.1—2012 中规定的正常检验一次抽样方案进行，采用一般检验水平I，接收质量限（AQL）6.5，见表 11。每一独立包装件为一个样本单位。

表 11 抽样方案 单位：件

批量	样本量	接收数 Ac	拒收数 Re
2~8	2	0	1
9~15	2	0	1
16~25	2	0	1
26~50	8	1	2
51~90	8	1	2
91~150	8	1	2
151~280	13	2	3
281~500	20	3	4
501~1 200	32	5	6
1 201~3 200	50	7	8

8.2.2　厚度平均偏差、力学性能、透光率、雾度

从 8.2.1 检验合格的每批样本中随机抽取任一样本进行试验。

8.3　出厂检验

出厂检验项目为 6.1~6.5（VA 含量、红外线透过率除外）和 6.7。

8.4　型式检验

型式检验项目为第 6 章中的全部要求。

耐候性能每五年进行一次。

有下列情况之一时，应进行型式检验：

a）产品的原料、结构、生产工艺有重大改变时；

b）产品停产 10 个月以上再恢复生产时；

c）出厂检验结果与前次型式检验结果有较大差异时。

8.5　判定规则

宽度极限偏差、厚度极限偏差、外观按表 11 规定进行判定。

厚度平均偏差、力学性能、透光率、雾度、流滴性能如有不合格项，应在原批中取双倍样本对不合格项复测，复测结果仍有不合格项则判该批为不合格。

VA 含量测试不合格时，采用 7.8 中规定的基准检验方法复测，仍不合格时，可判该批产品不合格。

9　标志、包装、运输及贮存

9.1　标志

每个最小包装附产品合格证。合格证上应注明：产品名称、类别及代号、产品规格、制造日期或生产批号、企业名称、地址、贮存期、净质量、本标准编号、检验员章等。

每个销售单位的外包装应注明：企业名称、地址、产品名称、产品规格、净质量等。

9.2　包装

包装材料可采用塑料薄膜、编织袋或纸箱。如有特殊要求，由供需双方商定。

9.3　运输

运输时应防止机械碰撞和日晒雨淋。

9.4　贮存

产品应贮存于干燥、阴凉、清洁的仓库内，堆放整齐，不得使薄膜挤压变形或损伤。距热源不小于 1 m。贮存期从生产之日起不超过 18 个月。贮存期超过 18 个月后经出厂检验全部合格后可继续使用。

附 录 A
(规范性附录)
流滴性能测试方法

A.1 试验器具

A.1.1 流滴试验仪

流滴试验仪示意图见图 A.1；附件压锤见图 A.2；流滴试验见图 A.3。

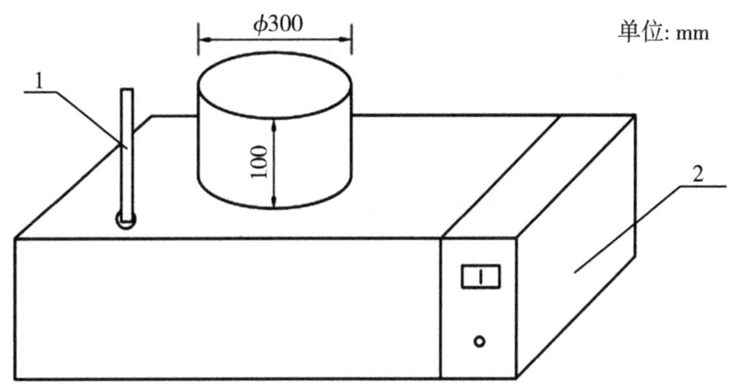

图 A.1 流滴试验仪示意图

说明:

1——温度计;

2——温度控制器。

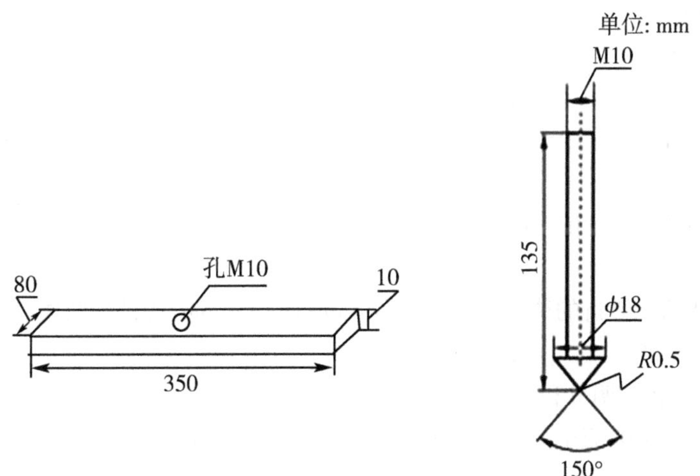

图 A.2 压锤示意图

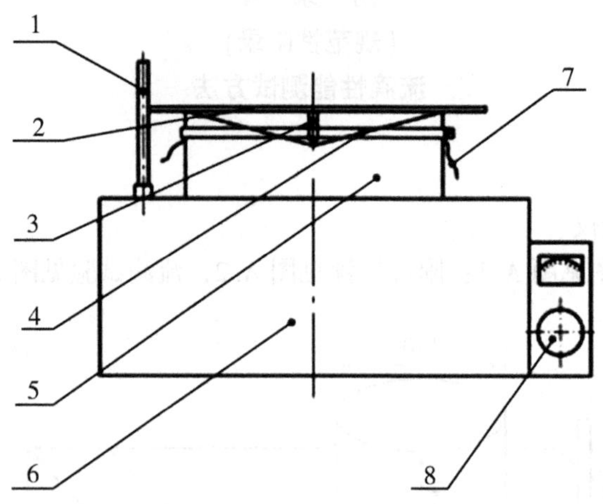

图 A.3　流滴试验示意图

说明：

1——温度计；

2——压锤板；

3——压锤；

4——喉箍；

5——圆形试样罩；

6——恒温水浴锅；

7——被测薄膜；

8——恒温水浴锅温度控制器。

A.1.2　秒表

分度值为 0.1 s。

A.1.3　直尺

分度值为 1 mm。

A.1.4　温度计

量程 0~100℃，分度值 1℃。

A.2　取样

在平整、清洁无皱折的待测薄膜上裁取 450 mm×450 mm 的试样两块，用于平行试验。

A.3　测试步骤

A.3.1　试样状态调节和试验标准环境

试样在 GB/T 2918 规定的温度 23℃±2℃标准环境中放置不少于 4 h 后测试。测试环境温度 23℃±2℃。

A.3.2　调试流滴试验仪

向流滴试验仪的水槽中注入不少于水槽深度三分之二的水，并使之恒温于 55℃±1℃放置 30 min。

A.3.3　试验面积的划分

在薄膜试样非测试面上按圆形试样罩的尺寸画出一个圆形，并以圆心为中点用半径将圆形平分成8等份或8的倍数等份。

A.3.4　试样的安装

将薄膜试样的测试面朝向流滴试验仪，放上压板，压锤尖对准试验画出的圆心并拧紧喉箍，使试样绷平且松紧合适。此时试验薄膜以下与水平面呈15°的倾角扣在快速流滴试验仪上，与流滴试验仪形成封闭环境。

A.3.5　初滴时间的测定

将试验膜盖在流滴试验仪上，同时启动秒表，观察试样内表面露滴凝聚的情况，并记录初滴时间，以秒（s）表示。

A.3.6　流滴性能失效时间的测定

A.3.6.1　在测试条件下持续扣膜，垂直于水平面观察薄膜，记录在不同时间流滴性能失效的情况。

A.3.6.2　每天观察不少于一次，用直尺测量并记录试验流滴性能失效部位在各部位、在各划分区沿半径方向的长度 R_i。

A.3.6.3　计算并记录试样薄膜在各时间的流滴失效面积比 $X_{失}$。

A.3.6.4　当试样流滴性能失效面积比达到：白色露滴≥30%，有滴面积≥50%，有两种情况之一时试验结束。此时的时间为流滴性能失效时间，以天（d）为单位。

A.4　流滴性能失效面积比（$X_{失}$）的计算

A.4.1　聚集露滴从试样被测膜面积中心位置向边缘延展时，按式（A.1）计算流滴性能失效面积比：

$$X_{失} = \left(\sum_{i=1}^{n} R_i^2 / n R^2\right) \times 100\% \tag{A.1}$$

式中：

$X_{失}$——流滴性能失效面积比；

R_i——试样在流滴试验仪上从中心位置沿15°倾斜面所量出的流滴性能失效半径，单位为毫米（mm）；

R——试样在流滴试验仪上从中心位置沿15°倾斜面到水浴锅边沿的半径，取值为155 mm；

n——试样在流滴试验仪上被测部分所划分的等份数，不得少于8。当聚集露滴在测试面上无规律分布时，应加大 n，使之为8等份的倍数。

A.4.2　聚集露滴从试样被测膜面积边缘位置向中心延展时，按式（A.2）计算流滴性能失效面积比：

$$X_{失} = \left(\sum_{i=1}^{n} R_i^2 - \sum_{i=1}^{n} r_i^2\right) / n R^2 \times 100\% \tag{A.2}$$

式中：

$X_{失}$——流滴性能失效面积比；

R_i——试样在流滴试验仪上从中心位置沿15°倾斜面所量出的流滴性能失效半径，单位为毫米（mm）；

r_i——流滴性能失效内环半径，单位为毫米（mm）；

R——试样在流滴试验仪上从中心位置沿 15°倾斜面到水浴锅边沿的半径，取值为 155 mm；

n——试样在流滴试验仪上所划分的等份数，不得少于 8。当聚集露滴在测试面上无规律分布时，应加大 n，使之为 8 等份的倍数。

A. 5　试验结果

初滴时间取两平行测试数据中的高值作为测试结果；流滴性能失效时间取两平行测试数据中的低值作为测试结果。

A. 6　试验报告

报告应包括下列内容：

a）送样单位、送样日期、试样名称、规格、试验温度、环境温度；

b）初滴时间；

c）失效时间、失效面积数值及失效时薄膜表面露滴状态描述；

d）试验人员、试验日期。

全生物降解农用地面覆盖薄膜

Biodegradable mulching film for agricultural uses

标 准 号：GB/T 35795—2017
发布日期：2017-12-29 实施日期：2018-07-01
发布单位：中华人民共和国国家质量监督检验检疫总局，中国国家标准化管理委员会

前　　言

本标准按照 GB/T 1.1—2009 给出的规则起草。

请注意本文件的某些内容可能涉及专利。本文件的发布机构不承担识别这些专利的责任。

本标准由全国生物基材料及降解制品标准化技术委员会（SAC/TC 380）提出并归口。

本标准起草单位：杭州鑫富科技有限公司、北京工商大学、新疆生产建设兵团农业技术推广总站、武汉华丽生物股份有限公司、金发科技股份有限公司、浙江南益生物科技有限公司、重庆市联发塑料科技股份有限公司、深圳市虹彩新材料科技有限公司、深圳万达杰环保新材料股份有限公司、江苏中科金龙化工有限公司、南通龙达生物新材料科技有限公司、安徽华驰塑业有限公司、山东天野生物降解新材料科技有限公司、玉溪市旭日塑料有限责任公司、巴斯夫（中国）有限公司、新疆蓝山屯河化工股份有限公司、金晖兆隆高新科技股份有限公司、新疆康润洁环保科技股份有限公司、吉林中粮生物材料有限公司、四川大学、清华大学、吉林省瑞尔生物环保科技有限公司、秦皇岛龙骏环保实业发展有限公司、南阳中聚天冠低碳科技有限公司、上海弘睿生物科技有限公司、杨凌瑞丰环保科技有限公司、兰州鑫银环橡塑制品有限公司、苏州普利金新材料有限公司。

本标准主要起草人：翁云宣、戴清文、王林、许国志、张立斌、黄健、应高波、周久寿、陈晓江、魏文昌、徐坤、张春华、汪纯球、宣兆志、王明显、沈哲翠、丁建萍、李雅娟、孔立明、生刚、佟毅、王玉忠、郭宝华、孙树凤、支朝晖、陈红胜、徐友利、王治、秦文生、宗敬东。

全生物降解农用地面覆盖薄膜

1　适用范围

本标准规定了农业中使用的全生物降解地面覆盖薄膜的要求、试验方法、检验规则、标志、包装、运输和贮存等。

本标准适用于以具有完全生物降解特性的脂肪族聚酯、脂肪族-芳香族共聚酯、二氧化碳-环氧化合物共聚物以及其他可生物降解聚合物中的一种或者多种树脂为主要成分，允许在配方中加入适当比例的淀粉、纤维素等可生物降解的天然高分子材料以及其他无环境危害的无机填充物、功能性助剂，通过采用吹塑或流延等工艺生产的农业用地面覆盖薄膜。

2　规范性引用文件

下列文件对于本文件的应用是必不可少的。凡是注日期的引用文件，仅注日期的版本适用于本文件。凡是不注日期的引用文件，其最新版本（包括所有的修改单）适用于本文件。

GB/T 1037　塑料薄膜和片材透水蒸气性试验方法　杯式法

GB/T 1040.1　塑料　拉伸性能的测定　第1部分：总则

GB/T 1040.3　塑料　拉伸性能的测定　第3部分：薄膜和薄片的试验条件

GB/T 2828.1　计数抽样检验程序　第1部分：按接受质量限（AQL）检索的逐批检验抽样计划

GB/T 2918　塑料试样状态调节和试验的标准环境

GB/T 6672　塑料薄膜和薄片厚度测定　机械测量法

GB/T 6673　塑料薄膜和薄片长度和宽度的测定

GB/T 15337　原子吸收光谱分析法通则

GB/T 16422.1　塑料实验室光源暴露试验方法　第1部分：总则

GB/T 16422.2—2014　塑料实验室光源暴露试验方法　第2部分：氙弧灯

GB/T 19276.1　水性培养液中材料最终需氧生物分解能力的测定　采用测定密闭呼吸计中需氧量的方法

GB/T 19276.2　水性培养液中材料最终需氧生物分解能力的测定　采用测定释放的二氧化碳的方法

GB/T 19277.1　受控堆肥条件下材料最终需氧生物分解能力的测定　采用测定释放的二氧化碳的方法　第1部分：通用方法

GB/T 19277.2　受控堆肥条件下材料最终需氧生物分解能力的测定　采用测定释放的二氧化碳的方法　第2部分：用重量分析法测定实验室条件下二氧化碳的释放量

GB/T 22047　土壤中塑料材料最终需氧生物分解能力的测定　采用测定密闭呼吸计中需氧量或测定释放的二氧化碳的方法

QB/T 1130　塑料直角撕裂性能试验方法

3　术语和定义

下列术语和定义适用于本文件。

3.1　生物降解材料 biodegradable materials

在自然界如土壤和/或沙土等条件下，和/或特定条件如堆肥化条件下或厌氧消化条件下或水性培养液中，由自然界存在的微生物作用引起降解，并最终完全降解变成二氧化碳（CO_2）或/和甲烷（CH_4）、水（H_2O）及其所含元素的矿化无机盐以及新的生物质的材料。

3.2　全生物降解农用地面覆盖薄膜 biodegradable mulching film for agricultural uses

生物降解农用地膜 biodegradable mulching film

以生物降解材料为主要原料制备的，用于农作物种植时土壤表面覆盖的、具有生物降解性能的薄膜。

注：生物降解农用地膜一般具有土壤增温；限制水分蒸发；维持土壤的湿度；抑制杂草的生长（特别是所使用的覆盖薄膜产品为黑色膜或者非透明膜时）；抑制矿物元素的浸滤；避免残余薄膜破碎物对土壤毛细结构的破坏；抑制土壤板结；降解后对土壤与作物无毒、无害等作用。

3.3　生物降解农用地膜有效使用寿命 effective service life of biodegradable mulching film

生物降解农用地膜在铺膜作业开始到出现影响保温、保墒作用时的总天数。

注：有效使用寿命与生物降解农用地面覆盖薄膜本身材料有关，也与作业当地气候、日照时间、土壤、海拔高度、作物、作业方式等有关，生物降解农用地面覆盖薄膜所标识的有效使用寿命由供需双方协定。

4　生物降解农用地膜分类

4.1　按薄膜水蒸气透过量分类

不同作物对薄膜水蒸气透过量要求不同，按照产品水蒸气透过量不同，分为 A、B、C 三类生物降解农用地膜。

4.2　按使用寿命周期分类

不同气候条件区、不同作物对薄膜覆盖时间的要求不同，按照产品在覆盖中的有效使用寿命长短，将生物降解农用地膜分为Ⅰ、Ⅱ、Ⅲ、Ⅳ类，见表1。

表1　生物降解农用地膜分类

分类	有效使用寿命/d
Ⅰ	≤60
Ⅱ	>60～≤90

（续表）

分类	有效使用寿命/d
Ⅲ	>90～≤120
Ⅳ	>120

5　技术要求

5.1　规格

5.1.1　厚度及偏差

厚度及偏差应符合表2的规定。

表2　厚度及偏差

公称厚度 d_0/mm	极限偏差/mm	平均偏差/%
$d_0<0.010$	±0.003	+15 −12
$0.010\leq d_0<0.015$	±0.003	
$d_0\geq 0.015$	+0.003 −0.002	

注：允许有20%的测量点超过对应厚度的极限偏差±0.001 mm。

5.1.2　宽度极限偏差

宽度极限偏差应符合表3规定。

表3　宽度极限偏差　　单位：mm

公称宽度 ω	极限偏差
ω≤800	+25 −10
800<ω<1 500	+40 −10
≥1 500	+50 −10

5.1.3　每卷净质量极限偏差

每卷净质量极限偏差应符合表4规定。

表 4　每卷净质量极限偏差　　单位：kg

每卷公称净质量 m_0	极限偏差
$m_0 \leqslant 10.00$	+0.20 −0.15
$10.00 < m_0 \leqslant 15.00$	+0.25 −0.15
$m_0 > 15.00$	+0.30 −0.15

5.2　外观

不允许有影响使用的气泡、斑点、褶皱、杂质和针孔等缺陷，对不影响使用的缺陷不得超过 20 个/100 cm^2。

膜卷卷取平整，不许有明显的暴筋。膜卷宽度与膜的公称宽度相差的卷取错位宽度及其他要求应符合表 5 规定。

表 5　膜卷要求

项目	膜卷
错位宽度/mm	≤30
每卷段数/段	≤2
每段长度/m	≥100

5.3　力学性能

生物降解农用地膜力学性能应符合表 6 的要求。

表 6　力学性能指标

项目	指标要求		
	$d_0 < 0.010$ mm	0.010 mm≤ $d_0 < 0.015$ mm	$d_0 \geqslant 0.015$ mm
拉伸负荷（纵、横向）/N	≥1.50	≥2.00	≥2.20
断裂标称应变（纵向）/%	≥150	≥150	≥200
断裂标称应变（横向）/%	≥250	≥250	≥280
直角撕裂负荷（纵、横向）/N	≥0.50	≥0.80	≥1.20

5.4　水蒸气透过量

水蒸气透过量影响地膜的保墒性能。生物降解农用地膜的水蒸气透过量应符合表 7 的要求。

表 7　水蒸气透过量要求

分类	水蒸气透过量/［g/（m^2·24 h）］
A	<800
B	800~1 600
C	≥1 600

5.5　产品中重金属含量

生物降解农用地膜重金属含量要求见表 8。

表 8　重金属含量要求

重金属	限量/（mg/kg）
砷（As）	≤5
镉（Cd）	≤0.5
钴（Co）	≤38
铬（Cr）	≤50
铜（Cu）	≤50
镍（Ni）	≤25
钼（Mo）	≤1
铅（Pb）	≤50
硒（Se）	≤0.75
锌（Zn）	≤150
汞（Hg）	≤0.5
氟（F）	≤100

5.6　生物降解性能

生物降解农用地膜生物降解性能应符合以下要求：

a）有机成分应≥51%；

b）相对生物分解率应≥90%。

5.7　人工气候老化性能

生物降解农用地膜老化后断裂标称应变要求应符合表 9 的规定。

表 9　老化后断裂标称应变要求

分类	老化 100 h 后断裂标称应变/%	
	纵向	横向
Ⅰ	≥50	≥50

（续表）

分类	老化 100 h 后断裂标称应变/%	
	纵向	横向
Ⅱ	≥80	≥100
Ⅲ	≥100	≥150
Ⅳ	≥120	≥200

6 试验方法

6.1 试样

从完好的生物降解农用地膜膜卷外端先剪去 10 m，再裁取长度不少于 1 m 的生物降解农用地膜试样进行试验。

6.2 试验状态调节和试验的标准环境

试样的状态调节应按 GB/T 2918 规定进行，温度为（23±2）℃，调节时间不少于 4 h，并在此条件下进行试验，外观、净质量偏差除外。

6.3 厚度偏差

按 GB/T 6672 规定，用精度为 0.001 mm 的测厚仪进行测量，按式（1）计算厚度极限偏差，按式（2）计算平均厚度偏差。

$$\Delta d = d_{\text{max或min}} - d_0 \tag{1}$$

式中：

Δd——厚度极限偏差，单位为毫米（mm）；

$d_{\text{max或min}}$——实测最大或最小厚度，单位为毫米（mm）；

d_0——公称厚度，单位为毫米（mm）。

$$d = \frac{d_n - d_0}{d_0} \times 100 \tag{2}$$

式中：

d——平均厚度偏差，%；

d_n——平均厚度，单位为毫米（mm）；

d_0——公称厚度，单位为毫米（mm）。

6.4 宽度极限偏差

按 GB/T 6673 规定，用精度为 1 mm 的卷尺或钢直尺进行测量，按式（3）计算宽度极限偏差。

$$\Delta \omega = \omega_{\text{max或min}} - \omega \tag{3}$$

式中：

$\Delta \omega$——宽度极限偏差，单位为毫米（mm）；

$\omega_{\text{max或min}}$——实测最大或最小宽度，单位为毫米（mm）；

ω——公称宽度，单位为毫米（mm）。

6.5　每卷净质量偏差

用感量不低于 0.05 kg 的称称量，按式（4）计算每卷净质量偏差。

$$\Delta m = m - m_0 \tag{4}$$

式中：

Δm ——每卷净质量偏差，单位为千克（kg）；

m ——实测每卷净质量，单位为千克（kg）；

m_0 ——每卷公称净质量，单位为千克（kg）。

6.6　外观

取 1 m^2 试样在自然光下目测。

6.7　拉伸负荷和断裂标称应变

按 GB/T 1040.1 和 GB/T 1040.3 规定，采用 2 型样，试样宽度为 10 mm，夹具间初始距离 50 mm，试验速度（500±50）mm/min，直到试样断裂为止，测出最大拉伸负荷，精确到 0.01 N。

断裂标称应变（%），按式（5）计算：

$$\varepsilon = \frac{L - L_0}{L_0} \times 100 \tag{5}$$

式中：

ε ——断裂标称应变，%；

L ——断裂时夹具间距离，单位为毫米（mm）；

L_0 ——夹具间初始距离，单位为毫米（mm）。

6.8　直角撕裂负荷

按 QB/T 1130 规定，取单片试样测试，精确到 0.01 N。

6.9　水蒸气透过量

按 GB/T 1037 规定进行，试验条件为：温度（38±0.6）℃，相对湿度 90%±2%。

6.10　重金属含量

重金属含量测试时，将样品经高压系统微波消解，然后用原子吸收分光光度计按 GB/T 15337 规定进行测试。

6.11　生物降解性能

有机物成分（挥发性固体含量）按 GB/T 9345.1 方法 A 进行测定，测定温度为 650℃。

生物降解试验可按 GB/T 19277.1、GB/T 19277.2、GB/T 19276.1、GB/T 19276.2、GB/T 22047 中的任一种方法进行。在仲裁检验时，采用 GB/T 19277.1。

6.12　人工气候老化性能

试样制备和处理按 GB/T 16422.1 规定，每种试样老化 3 片，从老化后的大片样中裁取单个试样进行测试，取 3 个试样的平均值，试样初始断裂标称应变和暴露后断裂标称应变测定按 6.7 规定。

试验方法按 GB/T 16422.2—2014 规定，辐照方式采用方法 A，辐照度为窄带（340 nm）0.51 W/（m^2 · nm），温度控制采用黑标温度计，暴露循环采用循环序号 1，试验持续时间 100 h。

7　检验规则

7.1　组批

生物降解农用地膜以批为单位进行验收，同一配方、同一规格连续生产 50 t 为一批，如果连续生产一周，产量不足 50 t，以一周产量为一批。

7.2　抽样

7.2.1　宽度极限偏差、厚度极限偏差、外观

按 GB/T 2828.1 规定的正常检验一次抽样方案，采用一般检验水平I，接收质量限（AQL）6.5，见表 10。每卷生物降解农用地膜为一个样本单位。

表 10　抽样方案　　单位：卷

批量	样本量	接收数 Ac	拒收数 Re
2~8	2	0	1
9~15	2	0	1
16~25	3	0	1
26~50	5	1	2
51~90	5	1	2
91~150	8	1	2
151~280	13	2	3
281~500	20	3	4
501~1 200	32	5	6
1 201~3 200	50	7	8
3 201~10 000	80	10	11
10 001~35 000	125	14	15

7.2.2　厚度平均偏差、力学性能、水蒸气透过量、重金属含量、人工气候老化性能

从 7.2.1 检验合格的每批样本中随机抽取任一个样本进行试验。

7.2.3　生物降解性能

从 7.2.1 检验合格的每批样本中随机抽取足够样本进行试验。

7.3　检验项目

7.3.1　出厂检验

出厂检验项目为 5.1、5.2、5.3。

7.3.2　型式检验

型式检验项目为第 5 章除生物降解性能外的全部项目，重金属含量、人工气候老化性能每 5 年进行一次检验。生物降解性能应至少有一次检验经历。

一般在下列情况之一时，应进行型式检验：

a）新产品或老产品转厂生产的试制定型鉴定；

b）正式生产后，如结构、原料、工艺有较大改变，考核产品性能影响时；

c）正常生产过程中，定期或积累一定产量后，周期性地进行一次检验，考核产品质量稳定性时；

d）产品长期停产后，恢复生产时；

e）出厂检验结果与前次型式检验结果有较大差异时；

f）国家质量监督机构提出进行型式检验的要求时。

7.4 判定规则

7.4.1 合格项的判定

宽度极限偏差、厚度极限偏差、外观按表10规定进行判定。

厚度平均偏差、力学性能、水蒸气透过率、重金属含量、人工气候老化性能检验结果中如有不合格项，则应从该批中抽取双倍样，对不合格项进行复验，复检仍有不合格项，则该项不合格。生物降解性能若有不合格项目时，不再进行复检，判该项不合格。

7.4.2 合格批的判定

所有检验项目检验结果全部合格，则判该批合格。

8 标志、包装、运输、贮存

8.1 标志

每卷生物降解农用地膜均应附有产品合格证，内容包括：产品名称、类别（包括水蒸气透过量、有效使用寿命）、宽度、厚度、参考长度、净质量、生产日期、生产厂名、生产厂地址、执行标准、检验员印章等。

8.2 包装

膜卷用薄膜、包装纸或编织袋包装。如有特殊要求，由供需双方商定。

8.3 运输

在运输和装卸过程中不应使用铁钩等锐利工具，不可抛掷。运输时，不得在阳光下暴晒或雨淋，不得与沙土、碎金属、煤炭及玻璃等混合装运，不得与有毒及腐蚀性或易燃物混装。

8.4 贮存

产品应存放在清洁、干燥、阴凉的库房内，堆放整齐，严禁暴晒。产品自生产之日起贮存期为8个月。

【绿色产品评价标准】

绿色产品评价　塑料制品

Green product assessment—Plastic products

标 准 号：GB/T 37866—2019

发布日期：2019-08-30　　　　实施日期：2020-03-01

发布单位：国家市场监督管理总局，中国国家标准化管理委员会

前　言

本标准按照 GB/T 1. 1—2009 给出的规则起草。

请注意本文件的某些内容可能涉及专利。本文件的发布机构不承担识别这些专利的责任。

本标准由全国生物基材料及降解制品标准化技术委员会（SAC/TC 380）归口。

本标准起草单位：北京工商大学、中国标准化研究院、轻工业塑料加工应用研究所、中蓝晨光化工研究设计院有限公司、中环联合（北京）认证中心有限公司、中国塑料加工工业协会异型材及门窗制品专业委员会、南通华盛高聚物科技股份有限公司、北京永华晴天设计包装有限公司、浙江圣诺盟顾家海绵有限公司、江苏省化工研究院有限公司、浙江中财型材有限责任公司、金发科技股份有限公司、安徽雄峰实业有限公司、宁波家联科技股份有限公司、北京双健塑料包装制品有限公司。

本标准主要起草人：靳玉娟、翁云宣、李田华、陈倩、项爱民、陈敏剑、谢鹏、付允、鲍威、刘晓飞、王存吉、李静霞、张春华、刘赟桥、钱洪祥、吴昊、黄生友、袁绍彦、储险峰、王熊、袁威。

绿色产品评价　塑料制品

1　范围

本标准规定了塑料制品绿色评价要求和评价方法。

本标准适用于所有塑料制品。

2　规范性引用文件

下列文件对于本文件的应用是必不可少的。凡是注日期的引用文件，仅注日期的版本适用于本文件。凡是不注日期的引用文件，其最新版本（包括所有的修改单）适用于本文件。

GB/T 2408　塑料　燃烧性能的测定　水平法和垂直法

GB 4806.7　食品安全国家标准　食品接触用塑料材料及制品

GB/T 7119　节水型企业评价导则

GB 8978　污水综合排放标准

GB/T 9345.5　塑料　灰分的测定　第 5 部分：聚氯乙烯

GB/T 16288　塑料制品的标志

GB 16297　大气污染物综合排放标准

GB/T 17592　纺织品　禁用偶氮染料的测定

GB/T 19001　质量管理体系　要求

GB/T 19277.1　受控堆肥条件下材料最终需氧生物分解能力的测定　采用测定释放的二氧化碳的方法　第 1 部分：通用方法

GB/T 22048　玩具及儿童用品中特定邻苯二甲酸酯增塑剂的测定

GB/T 23331　能源管理体系　要求

GB/T 24001　环境管理体系　要求及使用指南

GB/T 28001　职业健康安全管理体系　要求

GB/T 28206　可堆肥塑料技术要求

GB/T 33284　室内装饰装修材料　门、窗用未增塑聚氯乙烯（PVC-U）型材有害物质限量

HJ/T 400—2007　车内挥发性有机物和醛酮类物质采样测定方法

QB/T 5158　人造革合成革试验方法　二甲基甲酰胺含量的测定

3　术语和定义

下列术语和定义适用于本文件。

3.1　绿色塑料制品　green plastic product

在全生命周期中，符合环境保护要求，对生态环境和人体健康无害或危害小、资源能耗少、品质高的塑料制品。

4　产品评价要求

4.1　基本要求

生产企业应满足的绿色要求包括但不限于：

——产品生产企业的污染物排放状况，应要求符合相关环境保护法律法规，达到国家或地方污染物排放标准（GB 8978、GB 16297）的要求，近三年无重大安全事故和重大环境污染事件；

——生产企业的污染物总量控制，应要求达到国家和地方污染物排放总量控制指标；

——生产企业的管理，应要求按照 GB/T 24001、GB/T 23331、GB/T 19001、GB/T 28001 分别建立并运行环境管理体系、能源管理体系、质量管理体系、职业健康安全管理体系；

——环境信息披露，应要求企业定期披露企业的环境信息；

——产品质量水平，应满足相关产品标准要求；

——资源属性中的单位产品取水量应符合该产品行业的有关法规规定，并达到行业先进水平。

4.2　评价指标要求

塑料制品的评价指标可从资源能源的消耗，以及对环境和人体健康造成影响的角度进行选取，包括资源属性指标、环境属性指标和品质属性指标。具体评价指标名称、基准值等应符合表 1 的规定。

表 1　塑料制品评价指标要求

序号	一级指标	二级指标	单位	基准值	判定依据/方法
1	资源属性	塑料制品标志	—	可回收再生利用	依据 GB/T 16288 检测产品标签或说明书
2		水的重复利用率	%	≥95	1）企业自我声明； 2）企业提供记录及核算依据； 3）按工序流程查验报告文件、统计报表、原始记录，根据实际情况，实地调查、抽样调查等确保数据完整和准确； 4）依据 GB/T 7119 进行计算评价核实； 5）企业提供计量器具有效文件
3		重复回收率	%	98	1）企业自我声明； 2）查看产品的回收证明、回收技术说明文件及回收利用方式和渠道

（续表）

<table>
<tr><th>序号</th><th>一级指标</th><th colspan="2">二级指标</th><th>单位</th><th colspan="2">基准值</th><th>判定依据/方法</th></tr>
<tr><td>4</td><td rowspan="3">资源属性</td><td colspan="2">增塑剂</td><td>mg/kg</td><td colspan="2">不得检出邻苯二甲酸二（2-乙基）己酯增塑剂</td><td>依据 GB/T 22048 检测并提供检测报告</td></tr>
<tr><td>5</td><td colspan="2">阻燃剂</td><td>—</td><td colspan="2">不得使用多溴联苯、多溴二苯醚</td><td>1）企业自我声明；
2）现场检查，按工序流程查验报告文件、统计报表、原始记录及原材料使用清单等</td></tr>
<tr><td>6</td><td colspan="2">铅盐稳定剂</td><td>mg/kg</td><td colspan="2">不得使用</td><td>1）企业自我声明；
2）现场检查，按工序流程查验报告文件、统计报表、原始记录及原材料使用清单等</td></tr>
<tr><td>7</td><td rowspan="19">环境属性</td><td rowspan="11">重金属含量</td><td>镉含量</td><td>mg/kg</td><td colspan="2"><0.5</td><td rowspan="11">依据 GB/T 28206 检测并提供检测报告</td></tr>
<tr><td>8</td><td>铅含量</td><td>mg/kg</td><td colspan="2"><15</td></tr>
<tr><td>9</td><td>汞含量</td><td>mg/kg</td><td colspan="2">不得检出</td></tr>
<tr><td>10</td><td>铬含量</td><td>mg/kg</td><td colspan="2"><15</td></tr>
<tr><td>11</td><td>砷含量</td><td>mg/kg</td><td colspan="2"><5</td></tr>
<tr><td>12</td><td>铜含量</td><td>mg/kg</td><td colspan="2"><50</td></tr>
<tr><td>13</td><td>镍含量</td><td>mg/kg</td><td colspan="2"><15</td></tr>
<tr><td>14</td><td>硒含量</td><td>mg/kg</td><td colspan="2">不得检出</td></tr>
<tr><td rowspan="2">15</td><td rowspan="2">锌含量</td><td rowspan="2">mg/kg</td><td>添加钙锌稳定剂类</td><td><900</td></tr>
<tr><td>其他</td><td><150</td></tr>
<tr><td>16</td><td>钼含量</td><td>mg/kg</td><td colspan="2"><1</td></tr>
<tr><td>17</td><td colspan="2">可分解芳香胺染料含量</td><td>mg/kg</td><td colspan="2">≤5</td><td>依据 GB/T 17592 检测并提供检测报告</td></tr>
<tr><td>18</td><td colspan="2">二甲基甲酰胺含量</td><td>mg/kg</td><td colspan="2">不得检出</td><td>依据 QB/T 5158 检测并提供检测报告</td></tr>
<tr><td>19</td><td rowspan="2">挥发性气体</td><td>苯类</td><td>mg/kg</td><td colspan="2">不得检出</td><td rowspan="2">按附录 A 计算</td></tr>
<tr><td>20</td><td>有机挥发物总含量（TVOC）</td><td>mg/kg</td><td colspan="2">≤50</td></tr>
<tr><td>21</td><td colspan="2">相对生物分解率[a]</td><td>%</td><td colspan="2">≥90</td><td>依据 GB/T 19277.1 检测并提供检测报告</td></tr>
<tr><td>22</td><td colspan="2" rowspan="3">氯乙烯单体残留量</td><td rowspan="3">mg/kg</td><td>气味接触类</td><td>≤ 5</td><td rowspan="3">依据 GB/T 33284 检测并提供检测报告</td></tr>
<tr><td>23</td><td>皮肤接触类</td><td>≤ 3</td></tr>
<tr><td>24</td><td>入口接触类</td><td>≤ 1</td></tr>
</table>

（续表）

序号	一级指标	二级指标	单位	基准值	判定依据/方法
25	品质属性	阻燃性[b]	—	V-0 级	依据 GB/T 2408 检测并提供检测报告
26		总迁移量[c]	mg/dm^2	≤ 5	依据 GB 4806.7 检测并提供检测报告
27		灰分	%	≤ 12	依据 GB/T 9345.5 检测并提供检测报告
注：鼓励采用可再生资源、能源以及清洁能源。					
[a]相对生物分解率仅对可降解塑料有要求。 [b] 总迁移量仅对食品接触类塑料制品有要求。 [c] 阻燃性仅对有防火要求的塑料制品有要求。					

5　评价方法

5.1　基本要求

按 4.1 的规定进行。

5.2　资源属性

按表 1 的规定进行。

5.3　环境属性

按表 1 的规定进行。

5.4　品质属性

按表 1 的规定进行。

5.5　符合性评价

符合 4.1、4.2 规定的所有要求塑料制品为绿色塑料制品。

附　录　A
（规范性附录）
挥发性有机化合物（VOC）含量测试方法

A.1　测试原理

将样件置于密闭采样袋中并冲入适量氮气，控制袋子中样件的加热温度（65℃）与时间（2 h），使样件释放出挥发性有机物和醛酮组分，利用采样管采集袋中的气体实现对目标检测物的富集，进而对样件释放出的挥发性有机物和醛酮组分进行定性及定量分析。

A.2　试验的一般条件

A.2.1　试验样袋容量

试验样袋容量为 10 L。

A.2.2　气体捕集装置

气体捕集装置应符合表 A.1 的基本要求。

表 A.1　气体捕集装置要求

装置名称	装置概要
恒温箱	空气循环型恒温箱，箱内温度可控制在 ±5%以内
配管	1）由聚四氟乙烯制成，外径 φ6（内径 φ4），长度应为 50 cm 以内； 2）配管本身或接头不吸附或释放气体且不能有气体泄漏； 3）使用前应在 100℃的洁净空气内加热 6 h 以上
采样泵	密封式气泵在装有捕集管的状态下能够确保 100~800 mL/min 的捕集流量；配有质量流控制器及精密气表，能对采样流量准确控制

A.2.3　成分分析设备

挥发性有机组分分析设备应符合 HJ/T 400—2007 中附录 B 的 B.5 和附录 C 的 C.5 的规定，即热脱附/毛细管气相色谱/质谱联用仪、高效液相色谱分析仪 HPLC，挥发性有机组分分析设备还可以采用 HJ/T 400—2007 规定以外的其他设备，但应保证动态范围内的定量相对标准偏差（RSD）不大于 10%，且 5 次连续进样的定量重复性相对标准偏差（RSD）不大于 10%。

A.3　样件

样件尺寸为 100 mm×100 mm×2 mm。

A.4　试验样袋处理

先将样袋密封后抽空样袋内空气，再向样袋中充入占其容积 50%左右的纯氮气（纯度为 99.99%以上）。在 60℃ 恒温箱内放置 2 h 后，用真空泵迅速将袋内的气体抽出。

A.5　样件封装

样件封装按下述步骤进行：

a）测量并记录样件的尺寸（mm）；

b）向按 A.4 要求处理过的样袋中投入样件后密封；

c）向样袋内充入样袋容积 30%左右的纯氮气后，用泵将气体抽出；

d）按照步骤 c 反复进行 2 次操作后在 25℃下注入样袋容积 50%左右的纯氮气。

A.6　气体捕集

在进行气体捕集前将在 A.5 中封装好的样件投入到 60℃的恒温箱内放置 2 h。样品在 60℃ 下恒温 2 h 后，按照图 A.1 所示装配配管，并应按照以下的步骤采样：

a）轻揉装有零件的样袋，使内部的气体均匀化，微开阀门，挤出管道内残留气体；

b）在管道 1 上安装 TENAX 管、在管道 2 上安装 DNPH 管；

c）打开管道 1、管道 2 的阀门开始采样；

d）管道 1 的 TENAX 管采样完成后关闭管道 1 的阀门，立即将新的 TENAX 管装在管道 1 上，然后再打开与管对齐的阀门继续采样；

e）管道 2 的 DNPH 管采完样后立即关闭管道 2 的阀门；

f）管道 1 采完样后立即关闭管道 1 的阀门，采完样的捕集管应立即关闭两端。

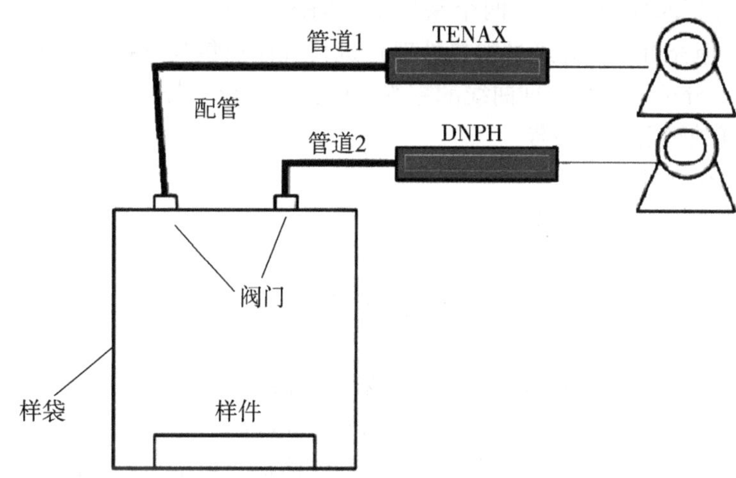

图 A.1　采样装置简图

按照图 A.1 所示安装配管、TENAX 管 、DNPH 管后，开始吸取气体。捕集条件见表 A.2。

表 A.2　采样管捕集条件

项目	苯系物	醛酮物
捕集管	TENAX 管	DNPH 管
采集流量/（mL/min）	100	500
采集时间/min	10	4
采集体积/L	1	2

在上述条件下 TENAX 管进行两次采样。已捕集完的捕集管应立即进行分析。如不

能立即进行分析，应用铝箔包好捕集管后在阴凉黑暗处保管（10℃以下），保管期限最多为 7 d。

在上述条件下 DNPH 管进行 1 次采样。如不能立即进行分析，应用铝箔包好捕集管后在阴凉黑暗处保管（10℃以下），保管期限最多为 7 d。

A. 7　分析

A. 7. 1　苯系物的分析

测量时应按照 HJ/T 400—2007 中 5. 1 的规定进行测量，即热脱附/毛细管气相色谱/质谱联用仪法。应准备两个测量用 TENAX 管，其中的一个作为备用。第一个 TENAX 管在测量苯系物时如有定量物超过线性范围，可以增加标液最高点，或者降低样品取样量，或改变分流比重新测量。平行取样（不少于两个平行样），测定值与平均值的相对偏差不得超过 20%。

A. 7. 2　醛酮物的分析

测量时应按照 HJ/T 400—2007 中 5. 2 的规定进行测量，即固相吸附/高效液相色谱法。每批样件分析时应至少留有两个采样管（TENAX 管与 DNPH 管各一个）对空袋（没有封装样件但充有氮气并经过加热处理）进行气体捕集与分析，作为采样过程中的现场空白检验，分析结果与校准曲线的零浓度值进行比较。若异常，则这批样品作废。

A. 8　数据处理及试验报告

A. 8. 1　数据处理

挥发浓度按式（A. 1）计算：

$$C = \frac{W}{Q_0 + 10^{-3}} \tag{A. 1}$$

式中：

C ——样件挥发量，单位为微克每立方米（μg/m^3）；

W——捕集管所测得化合物量，单位为微克（μg）；

Q_0——按照 25℃ 换算捕集管管内所捕集的气体量，单位为升（L）。

A. 8. 2　试验报告

试验报告应包含以下内容：

a）样件信息；

b）气体捕集分析条件，包含以下内容：有无前处理以及预处理温湿度、样袋容量（L）、填充氮气容量（L）、加热温度、泵型号、捕集速度（TENAX 管）、捕集容量（TENAX 管）、捕集速度（DNPH 管）、捕集容量（DNPH 管）、分析仪器型号等；

c）测试结果记录，包含各醛酮物和苯系物的样件挥发浓度（μg/m^3）。

【科学使用标准】

农用塑料薄膜安全使用控制技术规范

Technical specification for safety application of agricultural plastic membrane

标 准 号：NY/T 1224—2006

发布日期：2006-12-06　　　　　　　　实施日期：2007-02-01

发布单位：中华人民共和国农业部

前　言

本标准由中华人民共和国农业部提出并归口。

本标准起草单位：农业部环境保护科研监测所。

本标准主要起草人：刘凤枝、徐应明、刘潇威、林大松。

农用塑料薄膜安全使用控制技术规范

1 范围

本标准规定了农用塑料薄膜安全使用控制技术规范的术语和定义、质量要求、安全使用及回收处理。

本标准适用于全国各地以农用塑料薄膜作为农业设施的农业生产区、农业示范区、农业科学实验基地及使用农用塑料薄膜的农田、菜地和设施大棚。

2 规范性引用文件

下列文件中的条款通过本标准的引用而成为本标准的条款。凡是注日期的引用文件，其随后所有的修改单（不包括勘误的内容）或修订版均不适用于本标准，然而，鼓励根据本标准达成协议的各方研究是否可使用这些文件的最新版本。凡是不注日期的引用文件，其最新版本适用于本标准。

GB/T 3830 软聚氯乙烯压延薄膜和片材

GB/T 4455 农业用聚乙烯吹塑薄膜

GB/T 13735 聚乙烯吹塑农用地面覆盖薄膜

QB/T 1257 软聚氯乙烯吹塑薄膜

QB/T 2472 农业用软聚氯乙烯压延拉幅薄膜

3 术语和定义

下列术语和定义适用于本标准。

3.1 农用塑料薄膜 agricultural plastic membrane

指在农业生产过程中，为育苗和作物生长防寒、保温、保湿等目的而使用的各种塑料薄膜，包括地膜和棚膜。

3.2 揭膜 uncover agricultural plastic membrane

指在农用塑料薄膜发挥了其保温保墒作用后，把薄膜全部揭掉，带出田外，集中收藏的农田作业。

3.3 可降解农用塑料薄膜 degradationable agricultural plastic membrane

指各项性能可满足使用要求，在保存期内性能不变，而使用后在自然环境条件下，可通过光作用、生物作用或光和生物的复合作用，降解为对环境无害的农用塑料薄膜。根据其降解特性，主要有以下三类：光降解农膜、生物降解农膜和光-生物降解农膜。

3.4 多功能农用塑料薄膜 multi-functional agricultural plastic membrane

指具有高透明、高保温、无滴消雾、高效转光等新功能的农用塑料薄膜。与普通农用塑料薄膜相比，多功能农用塑料薄膜的特点主要体现在耐老化、防尘、防雾、保温以及寿命长等方面。

4　质量要求

农用软聚氯乙烯压延拉幅薄膜质量应满足 QB/T 2472 的要求，农用聚乙烯吹塑薄膜质量应满足 GB/T 4455 的要求，聚乙烯吹塑农用地面覆盖薄膜质量应满足 GB/T 13735 的要求，软聚氯乙烯吹塑薄膜质量应满足 QB/T 1257 的要求，软聚氯乙烯压延薄膜和片材质量应满足 GB/T 3830 的要求。

5　安全使用

5.1　安装

5.1.1　农用塑料薄膜在安装使用前应存放在遮阳、干燥的地方，避免日晒雨淋。如在冬季安装，安装前应将农用塑料薄膜放置在室温下。

5.1.2　在打开农用塑料薄膜卷前应检查作业地的地面情况，避免物体刺破或划伤薄膜。

5.1.3　不应使用脏污和生锈的构件。搭架材料应做到表面光滑，扎架应使用麻绳等软材料，不应使用铁丝、铝丝等硬材料，以防撕破农用塑料薄膜。

5.1.4　不应在气温过高的时候安装农用塑料薄膜。

5.1.5　应避免农用塑料薄膜与温室构件直接连接。如果无法避免，应在连接区域涂抹白色的丙烯酸-乙烯基，不应涂抹混合的有机溶剂。

5.1.6　应避免作物以及灌溉、暖气管路等设备与农用塑料薄膜直接接触。

5.1.7　农用塑料薄膜在接拼时要增大黏结面积，提高黏结强度，避免使用时脱缝。

5.1.8　有条件的地方应逐步淘汰普通农用塑料薄膜，提倡推广安装使用可降解农用塑料薄膜及多功能农用塑料薄膜。

5.2　揭膜

5.2.1　农用塑料薄膜在完成覆盖作用后应适时揭膜，避免其对农田土壤环境的污染。

5.2.2　水稻，一般应在 2.5~3 叶期揭膜。

5.2.3　小麦，一般应在苗期揭膜。冬小麦揭膜时间应在其返青期，气温升至 3~4℃时进行。揭膜前要半揭半盖炼苗 1~2 d。

5.2.4　玉米，海拔 1 000 m 以上地区的全覆膜和海拔 1 000 m 以下地区的侧膜栽培在玉米大喇叭口期揭膜，或在 7 月上中旬，连续 5 d 日平均气温稳定在 17℃以上时揭膜；海拔1 000 m 以下地区全覆膜栽培的地膜玉米在拔节期揭膜，一般在玉米出苗后 45 d，或在 5 月上中旬揭膜。

5.2.5　花生，地膜花生应在封行期揭膜，也可采用连续 5 d 日平均气温 25℃ 时揭膜。

5.2.6　棉花，地膜棉花揭膜时间一般在 6 月底至 7 月初，新疆在头水前，揭膜后先除草，开沟施肥，再培土，接着灌溉。三类苗揭膜时间可适当推后，但不应晚于 7 月上旬。

5.2.7　甜菜，一般在甜菜出苗后 50 d 左右或甜菜进入叶丛繁茂期时揭膜。

5.2.8　马铃薯，一般在马铃薯块茎膨大期揭膜。

5.2.9　葡萄，揭膜时间应安排在外部气温达到葡萄生长的适宜温度时期，一般在5月下旬至6月上旬、气温达到27~28℃时揭膜。

5.2.10　大蒜，一般当气温稳定在15℃以上、蒜薹行将露出总苞时揭膜。

5.2.11　其他农作物，具体揭膜时间应根据农作物需要确定。

5.2.12　在确定最佳揭膜时期后，具体的揭膜时间应选定在晴天下午揭，阴天上午揭，雨天雨后揭；若遇低温寒潮，应延长盖膜时间，待寒潮过后再揭膜。

6　回收和处理

6.1　回收

农用塑料薄膜使用后，对可再次使用的农膜，应洗净、晾干、卷好，放在通风、干燥、避光的地方妥善保存。在保存期间，应避免暴晒、烟熏、火烤。对不能再次使用的农用塑料薄膜可采取适当方法处理或及时交回收部门处理，不应在农田地块随意堆放，任日晒雨淋。

使用不易分解、有污染的农用塑料薄膜，在完成覆盖作用回收后，对残存的农用塑料薄膜碎片应捡拾、清理干净，防止残存的农用塑料薄膜碎片对农业环境造成危害。

6.2　回收方法

6.2.1　机械回收

机械回收包括：苗期揭膜机械回收、秋后机械回收、耕层内清捡机械回收及播前机械回收，具体机械回收措施应根据当地具体情况确定。

有条件的地方，应积极推广农田残膜机械回收。

6.2.2　人工捡拾

不能实施机械回收的农田，应采用人工捡拾的回收方法。有条件的地方，应将机械回收和人工捡拾回收两种方法相结合。

6.3　处理

回收后不能再次使用的农用塑料薄膜可采取以下方法进行处理。对不能自行处理的，应及时交回收部门处理，而不应采取掩埋或焚烧法处理。

6.3.1　再生

通过分解农用塑料薄膜回收乙烯、甲烷、丙烷及提炼石油等，或将不能再次使用的农用塑料薄膜按主料不同，加入不同助剂进行二次加工，形成各种新产品。

6.3.2　堆肥化

对可降解的农用塑料薄膜可将其与部分有机质（如树叶、禽畜粪便等）混合，经充分发酵后制备成有机肥。

全生物降解农用地面覆盖薄膜 烟草种植效果评价

Biodegradable mulching film for agricultural uses—Evaluation in tobacco cultivation

标 准 号：DB52/T 1729—2023

发布日期：2023-04-12　　　　　实施日期：2023-07-01

发布单位：贵州省市场监督管理局

目　次

前 言

本文件按照 GB/T 1.1—2020《标准化工作导则　第 1 部分：标准化文件的结构和起草规则》的规定起草。

本文件由贵州省烟草专卖局提出并归口。

本文件起草单位：贵州省烟草科学研究院、贵州省产品质量检验检测院、贵州民族大学、中国农业科学院农业环境与可持续发展研究所、中国烟草总公司贵州省公司、贵州省烟草公司贵阳市公司、贵州省烟草公司毕节市公司、中国科学院地球化学研究所、贵州省农业生态与资源保护站、贵州省烟草公司黔东南州公司、贵州省烟草公司黔西南州公司、贵州省烟草公司铜仁市公司、贵州省烟草公司六盘水市公司、贵州省烟草公司黔南州公司、贵州省烟草公司安顺市公司、贵州省烟草公司遵义市公司、盘州市农业能源环保站。

本文件主要起草人：高维常、刘云虎、代良羽、蔡凯、赵一君、刘勤、程建中、刘涛泽、杨静、周建云、蔡何青、周万维、陈怡璐、黄宁、朱经伟、张恒、李彩斌、潘文杰、潘翎、王莎莎、田宗林、朱鹏、王行诗、柳强、李长权、郭亚利、梅世能、李沛柏、杨承、蒋卫、马建光。

全生物降解农用地面覆盖薄膜
烟草种植效果评价

1　范围

本文件规定了全生物降解农用地面覆盖薄膜（以下简称“地膜”）烟草种植效果评价的术语和定义、试验设计、评价指标、评价方法、评价报告。

本文件适用于全生物降解农用地面覆盖薄膜烟草种植效果的评价。

2　规范性引用文件

下列文件中的内容通过文中的规范性引用而构成本文件必不可少的条款。其中，注日期的引用文件，仅该日期对应的版本适用于本文件；不注日期的引用文件，其最新版本（包括所有的修改单）适用于本文件。

GB/T 1037　塑料薄膜与薄片水蒸气透过性能测定　杯式增重与减重法

GB/T 1040.1　塑料　拉伸性能的测定　第1部分：总则

GB/T 1040.3　塑料　拉伸性能的测定　第3部分：薄膜和薄片的试验条件

GB/T 2410　透明塑料透光率和雾度的测定

GB 2635　烤烟

GB/T 6672　塑料薄膜和薄片厚度测定　机械测量法

GB/T 6673　塑料薄膜和薄片长度和宽度的测定

GB/T 10004　包装用塑料复合膜、袋干法复合、挤出复合

GB/T 19616　烟草成批原料取样的一般原则

GB/T 35795—2017　全生物降解农用地面覆盖薄膜

NY/T 395　农田土壤环境质量监测技术规范

QB/T 1130　塑料直角撕裂性能试验方法

YC/T 138　烟草及烟草制品　感官评价方法

YC/T 142　烟草农艺性状调查测量方法

YC/T 159　烟草及烟草制品　水溶性糖的测定　连续流动法

YC/T 160　烟草及烟草制品　总植物碱的测定　连续流动法

YC/T 161　烟草及烟草制品　总氮的测定　连续流动法

YC/T 162　烟草及烟草制品　氯的测定　连续流动法

YC/T 173　烟草及烟草制品　钾的测定　火焰光度法

YC/T 249　烟草及烟草制品　蛋白质的测定　连续流动法

3　术语和定义

GB/T 35795—2017界定的以及下列术语和定义适用于本文件。

3.1 生物降解材料 biodegradable materials

在自然界如土壤和/或沙土等条件下，和/或特定条件如堆肥化条件下或厌氧消化条件下或水性培养液中，由自然界存在的微生物作用引起降解，并最终完全降解变成二氧化碳（CO_2）和/或甲烷（CH_4）、水（H_2O）及其所含元素的矿化无机盐以及新的生物质的材料。

［来源：GB/T 35795—2017，3.1］

3.2 全生物降解农用地面覆盖薄膜 biodegradable mulching film for agricultural uses

生物降解农用地膜 biodegradable mulching film

以生物降解材料为主要原料制备的，用于农作物种植时土壤表面覆盖的、具有生物降解性能的薄膜。

注：生物降解农用地膜一般具有土壤增温；限制水分蒸发；维持土壤的湿度；抑制杂草的生长（特别是所使用的覆盖薄膜产品为黑色膜或者非透明膜时）；抑制矿物元素的浸滤；避免残余薄膜破碎物对土壤毛细结构的破坏；抑制土壤板结；降解后对土壤与作物无毒、无害等作用。

［来源：GB/T 35795—2017，3.2］

3.3 诱导期 induction period

从覆膜到垄面地膜出现多处自然裂缝或孔洞的时间。

3.4 无膜期 complete degradation period

地面基本见不到地膜残片的时间。

4 试验设计

4.1 试验区设置

采用小区试验，每个处理面积不小于40 m^2，设3次重复，小区四周应设置保护行，株行距根据当地种植密度确定，栽培技术除试验特定要求外，其他按当地烟草栽培技术进行统一管理。

4.2 信息采集

4.2.1 采集试验烟地和地膜基本信息，填写附录A中表A.1。

4.2.2 采集试验烟草生产基本信息，填写附录A中表A.2。

5 评价指标

5.1 土壤理化指标

包括有机质、全氮、全磷、全钾、速效氮、速效磷、速效钾、pH值、土壤温度、容重和孔隙度等。

5.2 地膜性能指标

包括地膜厚度、宽度、拉伸负荷（纵、横向）、断裂标称应变（纵、横向）、直角撕裂负荷（纵、横向）、穿刺强度、透光率、透水率和操作性能等。

5.3　烟草农艺指标

包括烟草株高、茎围、最大叶长、最大叶宽和有效叶数等。

5.4　烟叶经济指标

包括烤后烟叶产量、产值、均价、上等烟率和上中等烟率等。

5.5　烟叶质量指标

包括烟叶外观质量、物理特性、化学成分和感官评价等。

5.6　地膜田间降解指标

包括地膜降解时间序列、裂缝条数或孔洞个数、裂缝长度或孔洞直径、破碎块数和大小等。

6　评价方法

6.1　样品采集与制备

6.1.1　土壤样品采集在起垄施肥前，采用梅花法、棋盘法或蛇形法等多点混合的方法，采集 0~200 mm 深度混合土样 1 kg；样品制备按 NY/T 395 规定进行。

6.1.2　地膜样品按 GB/T 35795—2017 规定进行。

6.1.3　地膜透水率样品采集从覆膜开始，在每个试验小区采用梅花法或对角线法，采集不小于 500 mm ×500 mm 的地膜样品 3 个，每隔 20 d 采集 1 次，至地膜诱导期。

6.1.4　烟叶样品按 GB/T 19616 规定进行。

6.2　测试方法

6.2.1　土壤理化指标

6.2.1.1　土壤有机质、全氮、全磷、全钾、速效氮、速效磷、速效钾、pH 值、容重和孔隙度按 NY/T 395 规定进行。

6.2.1.2　土壤温度采用地温传感器采集膜下土壤温度，每个小区设置 3 个点，深度分别为 100 mm、200 mm 和 300 mm，每 2 h 记录 1 次数据。

6.2.2　地膜性能指标

6.2.2.1　地膜厚度按 GB/T 6672 规定进行，宽度按 GB/T 6673 规定进行，拉伸负荷（纵、横向）按 GB/T 1040.1 和 GB/T 1040.3 规定进行，断裂标称应变（纵、横向）按 GB/T 1040.1 和 GB/T 1040.3 规定进行，直角撕裂负荷（纵、横向）按 QB/T 1130 规定进行，穿刺强度按 GB/T 10004 规定进行，透光率按 GB/T 2410 规定进行，透水率按 GB/T 1037 规定进行。

6.2.2.2　地膜操作性能应在常规覆膜方式下观察断裂和粘连发生情况。

6.2.3　烟草农艺指标

按 YC/T 142 规定进行。

6.2.4　烟叶经济指标

烟叶分级按 GB 2635 规定进行，统计各试验小区烟叶经济指标。

6.2.5　烟叶质量指标

6.2.5.1　外观质量按 GB 2635 规定进行。

6.2.5.2　物理特性按 YC/T 142 规定进行。

6.2.5.3　化学成分总糖、还原糖按 YC/T 159 规定进行，总植物碱按 YC/T 160 规定进行，总氮按 YC/T 161 规定进行，钾按 YC/T 173 规定进行，氯按 YC/T 162 规定进行，蛋白质按 YC/T 249 规定进行。

6.2.5.4　感官评价按 YC/T 138 规定进行。

6.2.6　地膜田间降解指标

6.2.6.1　采用 500 mm×500 mm 固定框，每个处理间隔 7 d 进行一次拍照，构成地膜降解时间序列表；拍照时段为覆膜至移栽，移栽至无膜期；拍照频次根据地膜田间降解情况可适度调整。

6.2.6.2　每个处理选择 1 000 mm 固定样方，每次拍照时，观测记录地膜裂缝条数或孔洞个数、裂缝长度或孔洞直径、破碎块数和大小，依此判定地膜降解情况，按照附录 B 进行分级划分。

7　评价报告

评价报告应包括以下内容：

——试验时间

——试验地点

——材料方法

——测试指标

——测试过程

——结论与建议

——附件：信息采集和样品相关表格（附录 A），测试用表格（附录 C）

附　录　A

(资料性)

信息采集和样品相关表格

烟地和地膜基本信息表见表 A.1，试验烟草生产基本信息表见表 A.2，地膜样品标签见表 A.3。

表 A.1　烟地和地膜基本信息表

基本信息	1. 市（州）、县		2. 详细地址	
	3. 烟农姓名		4. 联系方式	
	5. 试验负责人		6. 联系方式	
试验地信息	7. 地理位置：	经度：	纬度：	海拔（m）：
	8. 前茬作物		9. 烟地类型	田烟（　） 土烟（　）
	10. 土壤类型		11. 肥力水平	
	12. 降水量（烟季）		13. 雨季时间	____月—____月
	14. 光照（烟季）	强度________ 平均日照______h	15. 平均气温（烟季）	
	16. 极端温度（烟季）	最高______℃； 最低______℃		
地膜信息	17. 规格（mm）	宽度： 厚度：	18. 颜色	
	19. 生产者名称		20. 生产者地址	

表 A.2　试验烟草生产基本信息表

基本信息	1. 品种		2. 播种时间（日/月）	
	3. 移栽时间（日/月）		4. 移栽方式	
地膜覆膜	5. 覆膜时间（日/月）		6. 覆膜方式	
	7. 覆盖量（kg/hm^2）		8. 揭膜培土（日/月）	是（ ）否（ ）； 时间：________
水肥管理	9. 基肥（类型/N：P：K 配比/用量（kg/hm^2）/施用方式/日期）		10. 追肥（类型/N：P：K 配比/用量（kg/hm^2）/施用方式/次数/日期）	

（续表）

生育期	11. 团棵期（日/月）		12. 旺长期（日/月）	
	13. 现蕾期（日/月）		14. 打顶期（日/月）	
其他	15. 病害		16. 虫害	
	17. 杂草	种类： 数量：	18. 除草方式	

表 A.3 地膜样品标签

市（州）、县（区）	
试验点	
供试地膜企业	
样品名称	
样品规格	
其他	
采样时间：	采样人：

附　录　B
(资料性)
地膜降解分级划分

地膜降解分级划分见表 B. 1。

表 B. 1　地膜降解分级划分

分级	分级说明
0 级	未出现自然裂缝或孔洞
1 级	出现自然裂缝或孔洞（诱导期）
2 级	出现 20 mm 自然裂缝或孔洞（直径）
3 级	出现 200 mm 自然裂缝或孔洞（直径）
4 级	地膜柔韧性丢失，裂解为碎片
5 级	30%地面无肉眼可见地膜
6 级	60%地面无肉眼可见地膜
7 级	基本见不到地膜残片（无膜期）

附 录 C
(资料性)
测试用表格

烟地土壤理化性状表见表 C.1，试验烟株农艺性状表见表 C.2，试验烟叶产量产值表见表 C.3，地膜降解时间序列表见表 C.4，地膜降解情况观测与分级表见表 C.5。

表 C.1 烟地土壤理化性状表

土层深度	有机质/(g/kg)	全氮/(g/kg)	全磷/(g/kg)	全钾/(g/kg)	速效氮/(mg/kg)	速效磷/(mg/kg)	速效钾/(mg/kg)	pH 值	容重/(g/cm^3)	孔隙度
0~200 mm										

表 C.2 试验烟株农艺性状表

处理	株高/mm	茎围/mm	最大叶长/mm	最大叶宽/mm	有效叶片数/片

表 C.3 试验烟叶产量产值表

处理	产量/(kg/亩)	产值/(kg/亩)	均价/(元/kg)	上等烟率/%	上中等烟率/%

表 C.4 地膜降解时间序列表

拍照日期	处理	图片	备注

表 C.5 地膜降解情况观测与分级表

处理	观测时间	裂缝/孔洞/(条/个)	裂缝长度/孔洞直径/mm	破碎块数/块	破碎大小/mm	分级

全生物降解农用地面覆盖薄膜 烟草种植使用规程

Biodegradable mulching film for agricultural uses-Standard operating procedures in tobacco cultivation

标 准 号：DB 52/T 1676—2022
发布日期：2022-06-23　　　　实施日期：2022-10-01
发布单位：贵州省市场监督管理局

目 次

前　言

本文件按照 GB/T 1.1—2020《标准化工作导则　第 1 部分：标准化文件的结构和起草规则》的规定起草。

本文件由贵州省烟草专卖局提出并归口。

本文件起草单位：贵州省烟草科学研究院、贵州省产品质量检验检测院、中国烟草总公司贵州省公司、中国农业科学院农业环境与可持续发展研究所、贵州民族大学、贵州省农业生态与资源保护站、贵州烟草投资管理有限公司、中国科学院地球化学研究所、贵州科泰天兴农业科技有限公司。

本文件主要起草人：高维常、周万维、刘云虎、蔡凯、赵一君、刘勤、代良羽、刘涛泽、黄维、姜超英、杨静、袁有波、孙光军、赵远鹏、伍洲、程建中、张恒、马越、朱经伟、李寒、刘艳霞、高成涛、王浩、张淑怡、王行诗、向美、欧益霖。

全生物降解农用地面覆盖薄膜烟草种植使用规程

1 范围

本文件规定了全生物降解农用地面覆盖薄膜烟草种植使用操作的术语和定义、地膜选择、关键农事要求、地膜使用后处理、保存。

本文件适用于全生物降解农用地面覆盖薄膜烟草种植使用操作。

2 规范性引用文件

下列文件中的内容通过文中的规范性引用而构成本文件必不可少的条款。其中，注日期的引用文件，仅该日期对应的版本适用于本文件；不注日期的引用文件，其最新版本（包括所有的修改单）适用于本文件。

GB/T 35795—2017 全生物降解农用地面覆盖薄膜

3 术语和定义

GB/T 35795—2017 界定的以及下列术语和定义适用于本文件。

3.1 生物降解材料 biodegradable materials

在自然界如土壤和/或沙土等条件下，和/或特定条件如堆肥化条件下或厌氧消化条件下或水性培养液中，由自然界存在的微生物作用引起降解，并最终完全降解变成二氧化碳（CO_2）和/或甲烷（CH_4）、水（H_2O）及其所含元素的矿化无机盐以及新的生物质的材料。

[来源：GB/T 35795—2017，3.1]

3.2 全生物降解农用地面覆盖薄膜 biodegradable mulching film for agricultural uses

生物降解农用地膜 biodegradable mulching film

以生物降解材料为主要原料制备的，用于农作物种植时土壤表面覆盖的、具有生物降解性能的薄膜。

注：生物降解农用地膜一般具有土壤增温；限制水分蒸发；维持土壤的湿度；抑制杂草的生长（特别是使用的覆盖薄膜产品为黑色膜或非透明膜时）；抑制矿物元素的淋湿；避免残余薄膜碎物对土壤毛细结构的破坏；抑制土壤板结；降解后对土壤与作物无毒、无害等作用。

[来源：GB/T 35795—2017，3.2，有修改]

3.3 井窖 well-cellar

在待栽的土壤垄体上部，制作一个上部为圆柱形、下部为圆锥形，外形类似微型水井和地窖的孔洞。

[来源：DB 52/T 891—2014，3.1]

4　地膜选择

4.1　地膜选择符合 GB/T 35795—2017 要求，并开展种植效果评价。

4.2　应进行小面积试用，试用符合要求的地膜可逐步开展规模应用。

5　关键农事要求

5.1　整地

覆膜前应对烟地中残留的废旧地膜进行清理，清除土壤中易导致地膜破损的作物残体、大土块和石头，做好杂草防控，保证土面平整，避免铺设过程中地膜破损。

5.2　施肥

有机（类）肥料应提前施入土壤，避免地膜与肥料直接接触，导致地膜提早降解。

5.3　覆膜

5.3.1　垄体要求

地膜覆盖要求行匀垄直沟平、垄体饱满、垄面平整细碎。

5.3.2　覆膜方式

5.3.2.1　起垄时，土壤含水量 < 土壤田间饱和持水量 60%时，采用先栽烟后覆膜的方式。

5.3.2.2　起垄时，土壤含水量 > 土壤田间饱和持水量 60%时，采用先覆膜后栽烟的方式。

5.3.3　覆膜要求

5.3.3.1　覆膜时，地膜适度紧贴垄面，避免铺设过松造成风吹摇摆或覆膜过紧导致厚度变薄。不应用力强行牵拉，避免纵向紧绷。

5.3.3.2　覆膜后，地膜两侧及烟苗破孔处及时用土封严，保证密封不漏气。

5.3.3.3　风力较强地区，每隔 2~3 m 在膜垄面压盖少量土壤。

5.4　开沟排水

大而平坦的烟地应在四周开设边沟和腰沟，深度超过垄沟，避免烟地积水导致地膜提早降解。

5.5　井窖制作

采用先覆膜后栽烟的方式时，推荐使用圆形打孔方式制作井窖，避免移栽器具缠绕，导致地膜膜口撕裂。

5.6　培土上厢

在团棵至旺长期（移栽后 30~60 d），采用农机具将地膜直接破坏埋入土壤，培土上高厢。

6　地膜使用后处理

在烤烟采收结束后，及时清理烟地卫生和翻地，确保地膜全部埋入土壤。

7 保存

7.1 使用原始包装保存未使用完的地膜，存放于避光、干燥的密闭空间内。

7.2 在有效期内使用。

参考文献

[1] DB52/T 91—2014 烤烟井窖式移栽技术规程.

【科学回收标准】

废旧地膜回收技术规范

Technical specification for recycling of waste plastic mulch film

标 准 号：GH/T 1354—2021

发布日期：2021-11-08　　　　实施日期：2022-01-01

发布单位：中华全国供销合作总社

前　言

本文件按照 GB/T 1.1—2020《标准化工作导则　第 1 部分：标准化文件的结构和起草规则》的规定起草。

本文件由中华全国供销合作总社提出并归口。

本文件起草单位：山东省标准化研究院、利辛县金蚂蚁农业发展有限公司、安徽联科水基材料科技有限公司、中华全国供销合作总社天津再生资源研究所、厦门银都利工业有限公司、山东清田塑工有限公司、威海市鑫卫环保科技有限公司、鱼台县丰鲁再生资源有限公司、广东隽诺环保科技股份有限公司、天津塑粒环保科技有限公司、济南市产品质量检验院、安徽双赢再生资源集团有限公司。

本文件主要起草人：孙玉亭、李珊、赵斌、杜涛、尹君华、戚卫、苏志升、刘学明、武晓燕、邹丽娜、李曼、黄宁、宋莉、范承恩、秦洁、向梅、毛允正、张盼、郭跃峰、张菲菲、牛锋、魏显珍、罗思、赵玉海。

本文件为首次发布。

废旧地膜回收技术规范

1　范围

本文件规定了废旧地膜回收的总体要求和捡拾、收集、贮存、运输要求。

本文件适用于废旧地膜的回收活动。

2　规范性引用文件

下列文件中的内容通过文中的规范性引用而构成本文件必不可少的条款。其中，注日期的引用文件，仅该日期对应的版本适用于本文件；不注日期的引用文件，其最新版本（包括所有的修改单）适用于本文件。

GB 13735　聚乙烯吹塑农用地面覆盖薄膜

GB/T 25412　残地膜回收机

GB 50016　建筑设计防火规范

GB 50140　建筑灭火器配置设计规范

NY/T 1227　残地膜回收机　作业质量

NY/T 2086　残地膜回收机操作技术规范

3　术语和定义

下列术语和定义适用于本文件。

3.1　地膜 mulch film

用于作物栽培覆盖地面的以聚乙烯为主要原料的薄膜。

4　总体要求

4.1　地方政府、地膜生产者、销售者、地膜使用者、回收再利用企业或其他组织应采取多种方式，建立健全地膜回收利用体系。地方政府宜通过政府购买服务等方式推动废旧地膜回收、处理和再利用。

4.2　各地地膜生产者和销售者宜同时开展地膜回收工作，指导地膜使用者正确使用地膜，主要包括：

——使用符合 GB 13735 规定的地膜；

——覆膜时应膜面平整、松紧适度，便于揭膜回收；

——按照产品标签标注的期限使用。

4.3　使用地膜的区域应根据需求设置废旧地膜回收站（点），以便回收逐级集中、易于收集运输。

4.4　应结合不同地区的气候特点和种植方式，选择经济有效、操作简单的废旧地膜捡拾方式及技术。各主要覆膜农业区地膜应用及捡拾技术措施参见附录 A。

4.5　废旧地膜的收集、分拣、贮存、运输及处理等过程应避免二次污染。

5 捡拾、收集要求

5.1 捡拾要求

5.1.1 揭膜

5.1.1.1 鼓励采用适时揭膜技术，并宜在土壤湿润时进行揭膜。

5.1.1.2 揭膜前应对地膜覆膜面植物秸秆、残茬进行适当清除，确保捡拾时地膜顺利揭起、回收。

5.1.2 捡拾

5.1.2.1 地膜使用者应在使用期限到期前捡拾田间的地膜废弃物。

5.1.2.2 捡拾一般选择在农作物耕种周期完成后（季末）及时进行，具体应根据农作物品种生长期的需要确定。

5.1.2.3 应根据作物类型、区域特点、种植方式和生产规模等选择机械捡拾、人工捡拾以及机械与人工混合捡拾等方式。

5.1.2.4 在坡耕地或地膜覆盖面积较少的区域，宜采用人工捡拾方式。

5.1.2.5 在土地平整或覆膜面积相对集中的区域，宜采用机械捡拾方式。

5.1.2.6 在机械捡拾后应由人工对农田中遗留的地膜和田边地头进行补充捡拾。

5.1.2.7 宜使用秸秆还田及残膜回收联合作业机完成秸秆粉碎还田及地表残膜捡拾作业。

5.1.2.8 针对当年铺膜的作物在苗期浇头水前宜使用苗期残膜回收机进行残膜回收机械化作业。

5.1.2.9 对于耕层内的残碎膜，可使用搂膜机、配置有搂膜齿的犁或整地机等机械结合秋翻、春耕犁地作业进行残膜回收作业。

5.1.2.10 使用残地膜回收机械作业时应符合 GB/T 25412 及 NY/T 2086 相关要求，作业质量应符合表 1 的规定，检测方法依据 NY/T 1227 的规定。

表 1 作业质量

序号	项目	质量指标/%	作业方式
1	表层拾净率	≥80	耕前及播前残地膜回收作业
2	深层拾净率	≥70	耕前及播前残地膜回收作业
3	苗期拾净率	≥85	苗期残地膜回收作业
4	伤苗率	≤2	苗期残地膜回收作业
5	缠膜率	≤2	—

5.1.2.11 田间暂存时应采取防吹散措施。

5.1.2.12 捡拾后装车运输过程中应避免收集的残碎膜遗撒。

5.1.2.13 地膜当季整体回收率应达 80%以上。

5.2 收集要求

5.2.1 捡拾的废旧地膜应剔除农作物残茬、土块等杂物后送交废旧地膜回收站

（点），不得在农田或其他农业用地随意弃置、掩埋和焚烧。

5.2.2　回收站（点）对送交的废旧地膜应进行回收，经去杂、打包后，及时送交就近的回收再利用企业。

5.2.3　鼓励回收站（点）和回收再利用企业直接到田间地头进行废旧地膜回收，减少中间环节，降低送交、储运成本。

5.2.4　回收站（点）与回收再利用企业应当建立回收台账，如实记录废旧地膜的重量、体积、杂质、上交人员名称及联系方式、回收时间等内容。回收台账应当至少保存两年。

6　贮存、运输要求

6.1　废旧地膜贮存要求

6.1.1　废旧地膜应存放在封闭或半封闭的环境中，并设有防火、防风、防雨、防晒、防扬散、防渗漏等措施，避免露天堆放。

6.1.2　贮存场所应符合 GB 50016 的有关规定，应配备消防设施，消防器材应按 GB 50140 的有关规定执行，并安装消防报警设备。

6.1.3　废旧地膜应经捆扎、打包后堆放，防止再次污染周边环境。

6.1.4　废旧地膜应远离火源存放，并注意防火。

6.2　废旧地膜运输要求

6.2.1　废旧地膜不得与易燃、易爆或腐蚀性物质混合运输。

6.2.2　运输工具在运输途中不得超高、超宽、超载。

6.2.3　运输过程中应打包完整或采用封闭的运输工具，防止遗撒。

附 录 A

(资料性)

主要覆膜农业区地膜应用及捡拾技术措施

A.1 西北农业区

A.1.1 农业生产基本特点

A.1.1.1 该地区主要包括新疆、甘肃、宁夏、陕西、青海、山西和内蒙古中西部。

A.1.1.2 该地区地处内陆，气候较干燥，由于水资源的季节和区域分布不均匀，干旱和土壤次生盐渍化等问题突出。

A.1.1.3 该地区是我国重要的粮、棉、油、糖和瓜果生产基地。

A.1.1.4 该地区农业生产具有以下特点：

——土地集中连片，规模大，便于机械化作业和技术大规模应用；

——由于气候干燥，农作物病虫害相对较少；

——属于灌溉农业，通过节水灌溉技术应用能够在一定程度和范围使农作物免受干旱的严重威胁。

A.1.2 地膜应用及捡拾情况

A.1.2.1 该地区内年降水量小于 400 mm 的农业区以全膜覆盖技术为主，年降水量 400 mm 以上的农业区以半膜覆盖技术为主。

A.1.2.2 地膜主要用于防止干旱和增加地温。

A.1.2.3 推动废旧地膜人工捡拾与机械化捡拾同步开展。

示例 1：新疆棉区发展地膜回收农机合作社，开展地膜机械化捡拾回收。

示例 2：甘肃旱作玉米区建立人工捡拾专业服务队，示范推广机械化捡拾回收，培育专业化回收企业，提高回收效率。

示例 3：马铃薯规模种植区在做好人工捡拾回收的基础上，部分地区示范应用全生物可降解地膜和机械化捡拾回收。

A.2 东北农业区

A.2.1 农业生产基本特点

A.2.1.1 该地区主要包括辽宁、吉林、黑龙江三省及内蒙古东四盟（市）。

A.2.1.2 该地区地形波状起伏，受地形和干旱、大风等因素影响，春旱较严重，水土流失及土壤退化问题突出。

A.2.1.3 该地区主要种植玉米、大豆、花生等作物，是我国的粮食重要产区。

A.2.1.4 该地区农业生产重点为：

——提高机械化作业能力，深松土壤；

——提高农田土壤蓄水能力，大力推进有机旱作、等高垄作和覆膜栽培等技术；

——积极发展集雨农业和节水补充灌溉农业，重点发展节水产业化，提高农业效益，保护生态环境。

A. 2. 2　地膜应用及捡拾情况

A. 2. 2. 1　该地区内年降水量小于 400 mm 的农业区应以全膜覆盖技术为主，年降水量 400 mm 以上的农业区应以半膜覆盖技术为主。

A. 2. 2. 2　地膜主要用于早春增温防旱。

A. 2. 2. 3　推动地膜使用减量化及废旧地膜机械化捡拾。

示例 1：种植生育期短、地膜依赖度低的玉米品种，减少地膜覆盖面积。

示例 2：花生作物采取地膜机械化捡拾回收。

A. 3　华北农业区

A. 3. 1　农业生产基本特点

A. 3. 1. 1　该地区主要包括长城沿线以南，淮河、秦岭和白龙江以北，黄土高原以东，汾渭河以西的地区。

A. 3. 1. 2　该地区东临海洋，西居内陆，北部干旱，南部湿润，四季变化明显。土壤类型多样，大部分土壤比较肥沃，耕性良好。

A. 3. 1. 3　该地区是我国冬小麦、棉花、夏玉米、花生等农作物的主要产区。

A. 3. 1. 4　该地区农业生产水平较高，但水资源短缺，地下水位下降，春旱和冬春连旱发生频率较高。

A. 3. 2　地膜应用及捡拾情况

A. 3. 2. 1　主要使用半膜覆盖技术。

A. 3. 2. 2　地膜主要用于早春增温防旱。

A. 3. 2. 3　推动地膜使用减量化、废旧地膜机械化捡拾及全生物可降解地膜使用。

示例 1：棉花作物进行工厂化育苗和机械化移栽，减少地膜覆盖面积。

示例 2：花生、蔬菜作物采取地膜机械化捡拾回收。

示例 3：蔬菜种植区开展全生物可降解地膜示范应用。

A. 4　西南地区

A. 4. 1　农业生产基本特点

A. 4. 1. 1　该地区主要包括重庆、四川、贵州、云南、广西、湖北、湖南西部。

A. 4. 1. 2　该地区冬少严寒，夏无酷暑，雨量充沛，四季分明。地势高低起伏，地形以高山丘陵为主，平地洼地较少，山地坡度较大，耕地相对分散，机械耕作条件差。

A. 4. 1. 3　该地区主要农作物有水稻、玉米、高粱、豆类、薯类等。

A. 4. 1. 4　该地区农业生产重点为保蓄土壤中水分，满足农作物关键时期对水分的需求。

A. 4. 2　地膜应用及捡拾情况

A. 4. 2. 1　高山冷凉、季节性干旱严重的地区可使用全膜覆盖技术，其余地区主要使用半膜覆盖技术。

A. 4. 2. 2　地膜主要用于早春增温保墒防草。

A. 4. 2. 3　推动地膜使用减量化，推动废旧地膜人工捡拾与机械化捡拾同步开展，推动全生物可降解地膜使用。

示例 1：烟草作物进行地膜人工回收的同时，开展小型机械化捡拾，部分地区使用全生物可降解地膜。

示例 2：花生、蔬菜作物采取地膜机械化捡拾回收。

示例 3：玉米作物应用一膜（两）多用技术，减少地膜使用量。

残地膜回收机　作业质量

Retrieving machines for residual film—Operating quality

标 准 号：NY/T 1227—2019
发布日期：2019-08-01　　　　　　　　　实施日期：2019-11-01
发布单位：中华人民共和国农业农村部

前 言

本标准按照 GB/T 1.1—2009 给出的规则起草。

本标准代替 NY/T 1227—2006《残地膜回收机 作业质量》。与 NY/T 1227—2006 相比，除编辑性修改外主要技术变化如下：

——修改了适用范围；

——修改了规范性引用文件；

——修改了残地膜的英文名称；

——修改了作业质量指标；

——修改了作业条件；

——删除了面积法的测定；

——增加了缠膜率的测定；

——修改了检验规则。

本标准由农业农村部农业机械化管理司提出。

本标准由全国农业机械标准化技术委员会农业机械化分技术委员会（SAC/TC 201/SC 2）归口。

本标准起草单位：甘肃省农业机械化技术推广总站、新疆维吾尔自治区农牧机械产品质量管理站、宁夏固原市原州区农业机械化推广服务中心。

本标准主要起草人：石林雄、白利杰、袁明华、李淑玲、郑晓莉、高燕、申学智。

本标准所代替标准的历次版本发布情况为：

——NY/T 1227—2006。

残地膜回收机　作业质量

1　范围

本标准规定了残地膜回收机术语和定义、作业质量要求、检测方法和检验规则。

本标准适用于残地膜回收机作业质量的评定，具有回收残地膜功能的联合作业机具可参照执行。

2　规范性引用文件

下列文件对于本文件的应用是必不可少的。凡是注日期的引用文件，仅注日期的版本适用于本文件。凡是不注日期的引用文件，其最新版本（包括所有的修改单）适用于本文件。

GB/T 13735　聚乙烯吹塑农用地面覆盖薄膜

GB/T 25412　残地膜回收机

3　术语和定义

下列术语和定义适用于本文件。

3.1　残地膜 residual film

农艺要求需要清除的存留于地表及土壤中的地膜。

3.2　伤苗 hurt seedling

作业后有明显伤根、主茎折断或20%的叶子脱落的苗株。

3.3　表层拾净率 net collected rate of the surface layer

地表及土层深度 0~100 mm 内残地膜的拾净率。

3.4　深层拾净率 net collected rate of the dew layer

土层深度 100~150 mm 内残地膜的拾净率。

3.5　苗期拾净率 net collected rate of seedling state

苗期作业中当年残地膜的拾净率。

4　作业质量要求

在铺覆地膜厚度不小于 0.010 mm 的条件下，所选用地膜、土质以及地块大小在当地具有一定代表性时，其作业质量应符合表 1 的规定。

表 1　作业质量指标

序号	项目	质量指标/%	检测方法对应的条款号	作业方式
1	表层拾净率	≥ 80	5.4	耕前及播前残地膜回收作业

（续表）

序号	项目	质量指标/%	检测方法对应的条款号	作业方式
2	深层拾净率	≥70	5.4	耕前及播前残地膜回收作业
3	苗期拾净率	≥85	5.4.2	苗期残地膜回收作业
4	伤苗率	≤2	5.6	苗期残地膜回收作业
5	缠膜率	≤2	5.5	—

注：残地膜回收机具有捡拾土层深度 100~150 mm 残地膜功能时，对深层拾净率进行检测和评定。

5 检测方法

5.1 作业条件

5.1.1 选择技术参数符合 GB/T 25412 要求的残地膜回收机，并按机具使用说明书规定配套技术状态良好的拖拉机。

5.1.2 铺覆地膜厚度根据 GB/T 13735 的规定检验。

5.1.3 残地膜回收作业的试验地作物残茬不高于 12 cm。播前残地膜回收作业的试验地整地深度不小于 15 cm，碎土率不小于 75%。

5.1.4 试验人员应具备熟练的操作技能，试验过程中不能更换配套动力及驾驶人员。

5.2 测区和测点位置确定

5.2.1 在田间作业范围内，沿地块长宽方向的中点连十字线，将地块分为 4 块，随机选取对角的 2 块作为检测样本。当同一块地由多台不同型号的机具作业时，把每台机械作业的边界当作地边线，按上述方法取样。

5.2.2 测点采用五点法选取，从测区 4 个地角沿对角线，在 1/4 与 1/8 对角线长度范围内随机确定 4 个测点的位置，再加上该对角线的中点，作为作业前的 5 个测点。在作业前的 5 个测点附近但不重叠的区域再选取 5 个测点，作为作业后的 5 个测点。

5.3 测点大小的确定

测点长度为 5 m、宽度为一个地膜幅宽（苗期和耕前作业方式时，需选在作业幅上或作业行上）。

5.4 拾净率测定

5.4.1 耕前及播前残地膜拾净率测定

分别将 2 个测区内作业前、后的各 5 个测点，按地表及土层深度 0~100 mm、土层深度 100~150 mm 2 个层面分别拣出残地膜。将各测点按层取出的残地膜去除尘土和水分后称其质量。按式（1）分别计算该测区表层拾净率和深层拾净率。

$$c = (1 - \frac{\omega}{\omega_0}) \times 100 \tag{1}$$

式中：

c——拾净率，单位为百分率（%）；

ω——作业后的表层或深层残地膜质量，单位为克（g）；

ω_0——作业前的表层或深层残地膜质量，单位为克（g）。

5.4.2　苗期拾净率测定

苗期作业时，分别将 2 个测区内作业前、后各 5 个测点的当年残地膜取出，按式（1）进行计算。

5.5　缠膜率的测定

分别测定 2 个行程，将通过测定区时在集膜箱内残地膜与机器上缠绕的地膜收集，分别洗净后称其质量，按式（2）计算回收机缠膜率。

$$Y = \frac{h_1}{h_1 + h_2} \times 100 \qquad (2)$$

式中：

Y——缠膜率，单位为百分率（%）；

h_1——测区内缠绕在机器上地膜的质量，单位为克（g）；

h_2——测区内集膜箱内残地膜的质量，单位为克（g）。

5.6　伤苗率测定

分别测定作业后测区各测点内总株数及残地膜回收作业造成的伤苗株数，按式（3）计算每个测点的伤苗率，然后求出 5 个测点伤苗率的平均值，作为该测区的伤苗率。

$$z = \frac{Y}{Y_0} \times 100 \qquad (3)$$

式中：

z——伤苗率，单位为百分率（%）；

Y——伤苗株数之和，单位为株；

Y_0——苗株总数之和，单位为株。

6　检验规则

6.1　作业质量考核项目

作业质量考核项目见表 2。

表 2　作业质量考核项目

序号	项目名称	耕前或播前残地膜回收作业	苗期残地膜回收作业
1	表层拾净率	√	—
2	苗期拾净率	—	√
3	缠膜率	√	√
4	伤苗率	—	√

（续表）

序号	项目名称	耕前或播前残地膜回收作业	苗期残地膜回收作业
5	深层拾净率	√	—

6.2 评定规则

对确定的检测项目进行逐项考核。所有项目全部合格，则判定残地膜回收机作业质量为合格，否则为不合格。

【环境属性检测标准】

农田地膜残留量限值及测定

Limit and test method for residual quantity of agricultural mulch film

标 准 号：GB/T 25413—2010

发布日期：2010-11-10　　实施日期：2011-03-01

发布单位：中华人民共和国国家质量监督检验检疫总局，中国国家标准化管理委员会

前　言

本标准由中国机械工业联合会提出。

本标准由全国农业机械标准化技术委员会（SAC/TC 201）归口。

本标准起草单位：新疆维吾尔自治区农牧业机械试验鉴定站、新疆维吾尔自治区农业资源与环境保护站。

本标准主要起草人：张山鹰、王维岗、申玉熙、吴新声、高燕。

农田地膜残留量限值及测定

1　范围

本标准规定了地膜在农田土壤中残留量的限值、测定方法。

本标准适用于待播农田土壤中地膜残留量的测定。

2　规范性引用文件

下列文件中的条款通过本标准的引用而成为本标准的条款。凡是注日期的引用文件，其随后所有的修改单（不包括勘误的内容）或修订版均不适用于本标准，然而，鼓励根据本标准达成协议的各方研究是否可使用这些文件的最新版本。凡是不注日期的引用文件，其最新版本适用于本标准。

GB/T 5262　农业机械试验条件　测定方法的一般规定

3　术语和定义

下列术语和定义适用于本标准。

3.1　地膜　mulch film

用于作物栽培覆盖地面的塑料薄膜。

3.2　地膜残留量　residual quantity of agricultural mulch film

农田土壤中残留地膜的量。

4　地膜残留量限值

待播农田耕作层内地膜残留量限值应不大于 75.0 kg/hm^2。

5　测定方法

5.1　试验条件及测定

5.1.1　试验地应为经整地、残膜捡拾处理后的待播地，其面积应不小于 100 m×50 m。

5.1.2　按 GB/T 5262 的规定测定试验地植被、前茬作物以及栽培方法等。

5.2　测区和测点位置的确定

5.2.1　沿试验地长宽方向的中线，将其划分为四块，随机选对角的两块作为两个测区，每个测区为一个样本。

5.2.2　测点采用 5 点法，从测区 4 个对角沿对角线，分别在 1/8~1/4 对角线长度范围内随机确定 4 个测点的位置，再加上对角线的交点，作为测定地膜残留量的 5 个测点。

5.3　测点大小的确定

每个测点选取 1 m×1 m 的区域，深度为耕作层深度（通常为 25~30 cm）。

5.4 地膜残留量测定

分别将两个测区内5个测点耕作层内的长边长度大于2 cm的残留地膜捡出，用清水洗净，放置阴凉处晾干，然后用天平称重（准确度不低于0.01 g），按式（1）计算地膜残留量。

$$M = 10 \times \frac{\sum X_i}{n} \tag{1}$$

式中：

M——试验地地膜残留量，单位为千克每公顷（kg/hm^2）；

X_i——测点中长边长度大于2 cm的残留地膜量，单位为克（g）；

n——测点数。

农田地膜源微塑料残留量的测定

Determination of residual quantity of mulch film microplastics in farmland

标 准 号：GH/T 1378—2022
发布日期：2022-11-24　　　　实施日期：2023-01-01
发布单位：中华全国供销合作总社

前　言

本文件按照 GB/T 1.1—2020《标准化工作导则　第 1 部分：标准化文件的结构和起草规则》的规定起草。

请注意本文件的某些内容可能涉及专利。本文件的发布机构不承担识别专利的责任。

本文件由中华全国供销合作总社提出。

本文件由中华全国供销合作总社天津再生资源研究所归口。

本文件起草单位：中华全国供销合作总社天津再生资源研究所、安徽省公众检验研究院有限公司、山东大学、生态环境部土壤与农业农村生态环境监管技术中心、中国环境科学研究院、天津港保税区环境监测站、天津港保税区城市环境管理局、安徽联科水基材料科技有限公司。

本文件主要起草人：赵斌、杜涛、崔兆杰、武晓燕、师华定、李曼、翟晓玮、刘舜舜、罗思、胡月、高浩凯、秦洁、宋莉、袁东婕、李藜、陈璐、孙在金、王鑫、崔晓玮、刘莉娜、高瑞玲、刘巍。

农田地膜源微塑料残留量的测定

1　范围

本文件规定了农田土壤中地膜源微塑料残留量的测定方法。

本文件适用于农田土壤中轮廓尺寸范围为 0.5～5.0 mm 地膜源微塑料残留量的测定，以浓度表示时，测定下限为 1.00 mg/kg。

本文件适用于聚乙烯类地膜源微塑料残留量的测定，不适用生物降解农用地膜源微塑料残留量的测定。

2　规范性引用文件

下列文件中的内容通过文中的规范性引用而构成本文件必不可少的条款。其中，注日期的引用文件，仅该日期对应的版本适用于本文件；不注日期的引用文件，其最新版本（包括所有的修改单）适用于本文件。

GB/T 6682　分析实验室用水规格和试验方法

GB/T 25413—2010　农田地膜残留量限值及测定

HJ/T 166　土壤环境监测技术规范

HJ/T 613　土壤　干物质和水分的测定　重量法

3　术语和定义

下列术语和定义适用于本文件。

3.1　地膜　mulch film

用于作物栽培覆盖地面的塑料薄膜。

[来源：GB/T 25413—2010，3.1]

3.2　微塑料　microplastics

轮廓尺寸小于 5 mm 的塑料碎片或薄膜。

3.3　微塑料浓度　mass concentration of microplastics

单位质量农田土壤干物质中含有微塑料的重量，单位为毫克每千克（mg/kg）。

3.4　微塑料丰度　abundance of microplastics

单位质量农田土壤干物质中含有微塑料的数量，单位为个每千克（个/kg）。

4　方法概要

随机称取定量经过压碎、粗筛后的土壤样品，经过湿筛、消解、密度浮选、抽滤等预处理，挑选出地膜源微塑料烘干至恒重，测定其重量或数量，按公式计算农田地膜源微塑料的残留量。

5　试剂及配制

本文件所用试剂，除非另有规定，均使用分析纯试剂。

5.1　氯化钠（NaCl）。

5.2　氯化钠（NaCl）浮选液：10%的氯化钠溶液（约 1.07 g/cm^3）。称取 100 g 氯化钠放在烧杯中，加入 900 mL 蒸馏水，室温下充分搅拌溶解，经玻璃纤维滤膜（0.45 μm）过滤，收集过滤后的溶液，保存至试剂瓶中，现配现用。

5.3　浓硝酸（65% HNO_3）。

5.4　双氧水（30% H_2O_2）。

5.5　无水乙醇。

5.6　蒸馏水

符合 GB/T 6682 规定的三级水。

6　仪器和设备

6.1　放大镜

5×~20×。

6.2　土壤筛

孔径 5 mm，不锈钢材质。

6.3　不锈钢滤网

孔径 0.5 mm，直径与滤器内径相等。

6.4　分析天平

感量为 0.01 g 和 0.000 01 g。

6.5　恒温干燥箱

温度波动度±1.0℃。

6.6　电动机械搅拌器

0~3 000 r/min，配不锈钢搅拌棒，搅拌棒尺寸应与 250 mL 锥形瓶匹配。

6.7　水浴锅

控温精度≤±1.0℃，容积大小应满足放置 250 mL 容量瓶。

6.8　全玻璃微孔滤膜过滤器

6.9　微孔滤膜

0.45 μm，直径与滤器内径相等。

6.10　真空泵

最大真空度 0.098 MPa。

6.11　锥形瓶

250 mL。

6.12　烧杯

1 000 mL。

6.13　梨形分液漏斗

250 mL。

7　样品采集与制备

7.1　样品采集

7.1.1　采集的样品宜采用铝箔自封袋，不应使用塑料制品的包装袋或容器。

7.1.2　样品签和采样记录等要求应符合 HJ/T 166 的要求，样品签信息应至少包括采样时间、地点、样品编号、采样深度和经纬度、覆膜年限。

7.2　样品准备

将采集的土壤样品平铺在干净的搪瓷盘或玻璃板上，去除石块、树枝、昆虫等杂质，用木棰压碎土块后，每天翻动两次，在室温环境下自然风干。

充分混匀风干土壤，采用四分法取样，取其两份，一份留存，另一份压碎至全部通过 5 mm 土壤筛（6.2），混匀，待测。

7.3　干物质含量的测定

按照 HJ 613 测定风干土壤样品的干物质含量。

8　分析步骤

8.1　预处理

8.1.1　分散、过滤

8.1.1.1　称取约 100 g（精确至 0.01 g）筛分后的风干土壤样品（7.2），置于 250 mL 锥形瓶中，加入约 150 mL 的蒸馏水，在室温下采用电动机械搅拌器（6.6）搅拌 30 min（转速≥60 r/min），停止搅拌后，取出搅拌棒并用蒸馏水冲洗，冲洗液流入锥形瓶中。

8.1.1.2　将 8.1.1.1 加水分散后的样品利用过滤器（6.8）通过 0.5 mm 孔径的滤网进行抽滤，完成过滤前应反复使用蒸馏水冲洗锥形瓶和滤器内壁，使目标物全部聚集于滤网上。

8.1.2　消解、过滤

8.1.2.1　将滤网上收集的物质和滤网全部转移至洁净的 250 mL 锥形瓶中，按浓硝酸（5.3）：双氧水（5.4）为 3：1 的体积比足量加入，加热（65～80℃）并搅拌不少于 2 h，期间应反复用双氧水冲洗锥形瓶内壁。

8.1.2.2　将 8.1.2.1 中消解后的样品在锥形瓶中加入蒸馏水稀释后，利用过滤器通过 0.5 mm 孔径的滤网进行抽滤，完成过滤前应反复使用蒸馏水冲洗锥形瓶和滤器内壁使目标物全部聚集于滤网上。

8.1.3　浮选、过滤

8.1.3.1　将 8.1.2.2 滤网上的物质全部转移至 250 mL 锥形瓶中，加入约 150 mL 的 NaCl 浮选液（5.2），搅拌静置后，沿瓶壁缓慢补充加入适量 NaCl 浮选液于锥形瓶中，加至液面距瓶口约 1 cm 处静置 10 min。

8.1.3.2　提取锥形瓶中上层清液和漂浮物，利用过滤器通过 0.5 mm 孔径的滤网进行抽滤；提取过程中应避免溶液洒漏至过滤器外。

8.1.3.3　重复 8.1.3.1 和 8.1.3.2 直至锥形瓶中上层溶液无漂浮物。

8.1.4　收集样品

8.1.4.1　用蒸馏水反复冲洗过滤器内壁，冲洗后的溶液同样进行抽滤，使目标物全部聚集于滤网上。

8.1.4.2　用蒸馏水反复冲洗滤网上的目标物。

8.2　分析测定

8.2.1　在放大镜的协助下观察待测滤网，挑选出地膜源微塑料放置在干燥（105℃±5℃）恒重（精确至0.000 01 g）后的培养皿中，并记录地膜源微塑料的数量。

8.2.2　将挑选出的地膜源微塑料干燥（105℃±5℃）至恒重（精确至0.000 01 g）后称量记录。

9　结果计算与表示

9.1　结果表示

本文件提供的农田地膜源微塑料的残留量可由微塑料浓度和微塑料丰度两种方式表示。

9.1.1　以微塑料浓度表示

当土壤样品中地膜源微塑料的浓度的测定结果≥1.00 mg/kg时，宜优先选择以微塑料浓度表示农田地膜源微塑料的残留量。

按公式（1）计算土壤样品中地膜源微塑料浓度：

$$M = \frac{M_2 - M_1}{M_0 \times W_{dm}} \times 10^6 \tag{1}$$

式中：

M——土壤样品中地膜源微塑料浓度，单位为毫克每千克（mg/kg）；

M_0——风干土壤样品重量，单位为克（g）；

W_{dm}——风干土壤样品干物质含量，单位为百分率（%）。

M_1——干燥恒重后培养皿的重量，单位为克（g）；

M_2——干燥恒重后地膜源微塑料和培养皿的重量，单位为克（g）。

结果至少取3次测定结果的平均值，保留三位有效数字。

9.1.2　以微塑料丰度表示

当土壤样品中地膜源微塑料的浓度的测定结果<1.00 mg/kg时，宜以微塑料丰度表示农田地膜源微塑料的残留量。

按公式（2）计算土壤样品地膜源微塑料丰度：

$$A_{(0.5\sim5.0\text{mm})} = \frac{N}{M_0 \times W_{dm}} \times 1\ 000 \tag{2}$$

式中：

$A_{(0.5\sim5.0\ \text{mm})}$——土壤样品中地膜源微塑料丰度，单位为个每千克（个/kg）；

N——土壤样品中目标物总数，单位为个；

M_0——风干土壤样品重量，单位为克（g）；

W_{dm}——风干土壤样品干物质含量，单位为百分率（%）。

结果至少取3次测定结果的平均值，四舍五入取整数。

9.2 精密度和准确度

精密度和准确度的验证根据实验室空白加标法进行测定。样品的制备方法是将适量（0.10～20.0 mg或一定数量的）聚乙烯微塑料颗粒/碎片（0.5～2.0 mm）加入100.00 g纯净无污染土壤中，制备7个空白加标的平行样，按本文件规定的操作步骤进行分析。

3家实验室分别对30个/kg、100个/kg、10.0 mg/kg、200 mg/kg四种不同含量的空白加标样品进行了7次重复测定，相对偏差为2.5%～18.0%，加标回收率在80%～100%。

10 质量保证

10.1 每批样品应至少做10%的平行样品测定，样品数不足10个时，每批样品应至少做一个平行样品测定，两个平行样品的测定结果的差值的绝对值应不大于平均值的20%，否则应重新测定。

10.2 应定期校准电子天平。

10.3 应特别注意实验室污染结果的影响，实验前使用酒精擦拭试验台，实验操作过程中应全程穿着棉质实验服，不使用塑料制品的工具和器皿。

农田地膜残留监测技术规范

Technical specification for monitoring of mulching film residual in farmland

标 准 号：DB52/T 1807—2024

发布日期：2024-05-15　　　　　　　　　　实施日期：2024-09-01

发布单位：贵州省市场监督管理局

目　次

前　言

本文件按照 GB/T 1.1—2020《标准化工作导则　第1部分：标准化文件的结构和起草规则》的规定起草。

请注意本文件的某些内容可能涉及专利。本文件的发布机构不承担识别专利的责任。

本文件由贵州民族大学提出。

本文件由贵州省农业农村厅归口。

本文件起草单位：贵州民族大学、贵州省农业生态与资源保护站、贵州省烟草科学研究院、贵州省产品质量检验检测院、贵阳市乡村振兴服务中心、六盘水市农村社会事业发展中心、遵义市农村发展服务中心、安顺市农村能源工作站、毕节市农业生态环境与资源保护站、铜仁市农业环境监测站、黔西南州农业技术推广中心、黔东南州农业生态与农村人居环境服务站、黔南州种植业发展中心、盘州市农业能源环保站、贵州雏阳生态环保科技有限公司、贵州民环生态科技有限公司、贵州省高等学校塑料应用绿色低碳技术工程研究中心。

本文件主要起草人：代良羽、刘涛泽、高维常、刘云虎、朱鹏、卢小娜、周万维、蔡景行、聂开颖、李复炜、刘安庆、吴长友、龙金麟、黄婷婷、龙承元、李瑞斌、刘俊聪、杨秀才、闫永飞、杨松花、祖韦军、陈凯、刘杰刚、蒋科。

农田地膜残留监测技术规范

1　范围

本文件规定了农田地膜残留监测的采样、样品处理、地膜残留量计算、监测调查报告等。

本文件适用于农田地膜残留的监测。

2　规范性引用文件

本文件没有规范性引用文件。

3　术语和定义

下列术语和定义适用于本文件。

3.1　地膜　mulching film

用于作物栽培覆盖地面的塑料薄膜。

3.2　地膜残留量　amount of mulching film residual

农田土壤中残留地膜的量。

4　采样

4.1　采样准备

4.1.1　资料收集

包括地膜投入量、覆膜作物、覆盖方式、田间覆盖比率、覆盖时间等。

4.1.2　工具与器材

4.1.2.1　工具

宜采用铁或不锈钢锹、铲、锤，铁签，筛子，样品袋和帆布等。

4.1.2.2　器材

包括照相机、定位仪、卷尺、电子天平（分度值为0.000 1 g）、超声波清洗器等。

4.1.3　监测点位选择

4.1.3.1　根据覆膜作物种类、种植面积、覆膜方式和比例、覆盖年限，确定监测点位。

4.1.3.2　监测点应代表当地地膜使用和残留现状，宜选择在相对平坦、稳定的农田里，以便长期监测。

4.1.3.3　监测点应避开池塘、沟渠等地膜残留异常点，离铁路、主要公路300 m以上。

4.2　样方布设

4.2.1　布设要求

每个监测点内布设5个采样样方，样方应离田埂2 m以上，间距10~15 m。

4.2.2　布设方法

根据地块面积大小和形状，可选用对角线法、梅花点法和蛇形线法进行样方布设，采样点布设示意图见图 1。

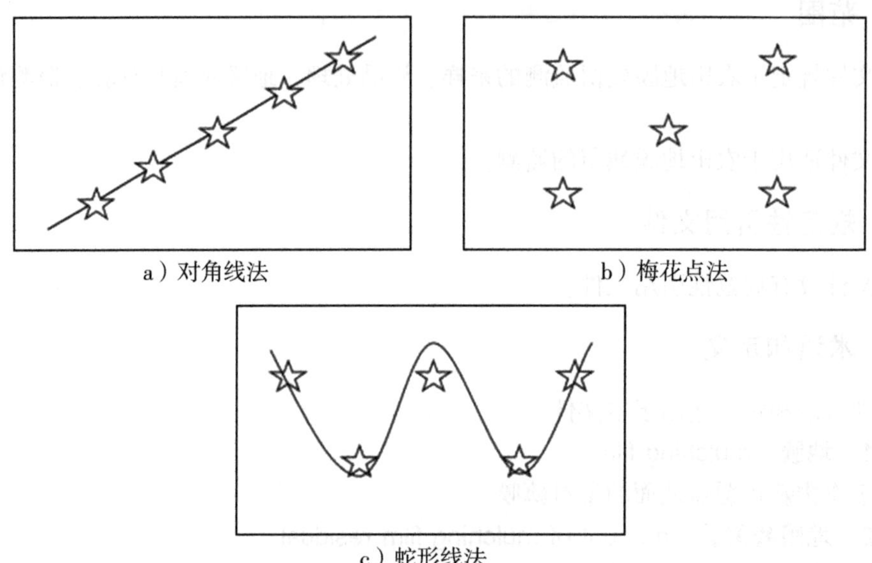

图 1　采样点布设示意图

4.3　采样时间

田间作物收获后、翻地之前，揭除当季地表覆盖的全部地膜后进行采样，宜一年一次，且每年采样时间尽量保持一致。

4.4　采样步骤

4.4.1　采样点定位

确定采样点后，在地块中心用定位仪进行定位，并作记录。

4.4.2　样方挖取

在选定的采样点用铁签将四角进行固定，围成 100 cm×100 cm 的正方形。向外扩展约 10 cm，沿着四边挖沟，深度约 40 cm，削去样方外多余土壤，形成 100 cm×100 cm 的采样样方，取样深度为 30 cm。

4.4.3　残留地膜筛选

将挖取的样方土壤放在帆布上，用筛子筛去土壤，捡出肉眼可见的残留地膜，将捡出的残留地膜放入样品袋，贴上内外标签。

4.4.4　土壤回填

样方中的残留地膜全部收集后，将土壤回填，恢复农田原貌。

4.4.5　采样记录

对采样点景观、样方、样品、定位结果、土壤回填等进行拍照记录。填写农田地膜残留监测点现场记录表，见附录 A。

5　样品处理

5.1　清洗

去除附着在地膜样品上的土壤和其他杂质，将地膜样品放入清水中浸泡 60～120 min，使用对地膜不具腐蚀作用或与地膜不产生化学反应的洗涤剂进行初步清洗，然后用超声波清洗器进一步清洗 30～60 min，直至地膜样品上不再附着土渍。

5.2　晾干

用滤纸吸干地膜样品上的水分，放入纸袋，在阴凉干燥处自然晾干，直至恒重。

5.3　称重

用电子天平称量每个样方残留地膜重量（精确至 0.000 1 g）并作记录。

6　地膜残留量计算

监测点农田地膜残留量按式（1）计算。

$$M = 10 \times \frac{\sum X_i}{n} \tag{1}$$

式中：

M——监测点农田地膜残留量，单位为千克每公顷（kg/hm^2）；

X_i——第 i 个采样点地膜残留量，单位为克每平方米（g/m^2）；

n——采样点数量。

7　监测调查报告

7.1　对监测调查获取的各项数据进行汇总分析，编制监测调查报告。

7.2　监测调查报告内容包括但不限于基本情况、调查监测方法、结果与分析、主要结论和年度问题说明等。

附　录　A

（资料性）

农田地膜残留监测点现场记录表

农田地膜残留监测点现场记录表见表 A.1。

表 A.1　农田地膜残留监测点现场记录表

<table>
<tr><td colspan="4">监测点基本信息</td></tr>
<tr><td>监测点地址</td><td colspan="3">____省________市（州）________县（市、区）________乡（镇、街道）________村</td></tr>
<tr><td>地理位置</td><td colspan="3">经度：________．________°；纬度：________．________°；海拔高度________m</td></tr>
<tr><td>农户信息</td><td colspan="3">农户姓名：________；联系电话：________；种植户类型：________</td></tr>
<tr><td colspan="4">地膜使用情况</td></tr>
<tr><td>覆膜作物 1 名称</td><td></td><td>覆膜年限</td><td>________年</td></tr>
<tr><td>覆膜作物 2 名称</td><td></td><td>覆膜方式</td><td>□人工　□机械</td></tr>
<tr><td>地膜使用量</td><td>________kg/hm^2</td><td>地膜使用周期</td><td>________天</td></tr>
<tr><td>地膜宽度</td><td>________cm</td><td>地膜回收方式</td><td>□人工　□机械
□人工+机械　□不回收</td></tr>
<tr><td>地膜标识厚度</td><td>________mm</td><td>地膜回收（离田）量</td><td>________kg/hm^2</td></tr>
<tr><td colspan="4">监测点现场照片</td></tr>
<tr><td colspan="2">监测点景观照片</td><td colspan="2">地块中心经纬度照片</td></tr>
<tr><td colspan="2">样方一照片</td><td colspan="2">样方二照片</td></tr>
<tr><td colspan="2">样方三照片</td><td colspan="2">样方四照片</td></tr>
<tr><td colspan="2">样方五照片</td><td colspan="2">样品照片（含样品编号）</td></tr>
<tr><td colspan="2">土壤回填后照片</td><td colspan="2">—</td></tr>
</table>

填表人姓名：________　　联系电话：________　　采样时间：______年______月______日